U0396690

冯承天 ◎ 著

细说五次方程无求根公式

第二版

从求解多项式方程
到阿贝尔不可能性定理

Niels Henrik Aabel
1802 年 - 1829 年

华东师范大学出版社 · 上海

图书在版编目（CIP）数据

从求解多项式方程到阿贝尔不可能性定理:细说五次方程无求根公式/冯承天著. —2 版. —上海:华东师范大学出版社,2019

ISBN 978 - 7 - 5675 - 8739 - 7

Ⅰ.①从… Ⅱ.①冯… Ⅲ.①高次方程-求解 Ⅳ.①O122.2

中国版本图书馆 CIP 数据核字(2019)第 019492 号

从求解多项式方程到阿贝尔不可能性定理
——细说五次方程无求根公式（第二版）

著　者　冯承天
策划组稿　王　焰
项目编辑　王国红
特约审读　石　岩
责任校对　王丽平
封面设计　卢晓红

出版发行　华东师范大学出版社
社　　址　上海市中山北路 3663 号　邮编 200062
网　　址　www.ecnupress.com.cn
电　　话　021 - 60821666　行政传真 021 - 62572105
客服电话　021 - 62865537　门市(邮购)电话 021 - 62869887
地　　址　上海市中山北路 3663 号华东师范大学校内先锋路口
网　　店　http://hdsdcbs.tmall.com

印刷者　常熟市文化印刷有限公司
开　本　787 毫米×1092 毫米　1/16
印　张　8.75
字　数　117 千字
版　次　2019 年 10 月第 2 版
印　次　2023 年 5 月第 3 次
书　号　ISBN 978 - 7 - 5675 - 8739 - 7
定　价　38.00 元

出版人　王　焰

献给热爱研读数学的朋友们

总　序

　　早在 20 世纪 60 年代,笔者为了学习物理科学,有幸接触了很多数学好书. 比如:为了研读拉卡(G. Racah)的《群论和核谱》[①],研读了弥永昌吉、杉浦光夫的《代数学》[②];为了翻译卡密里(M. Carmeli)和马林(S. Malin)的《转动群和洛仑兹群表现论引论》[③]、密勒(W. Miller. Jr)的《对称性群及其应用》[④]及怀邦(B. G. Wybourne)的《典型群及其在物理学上的应用》[⑤]等,仔细研读了岩堀长庆的《李群论》[⑥]……

　　学习的过程中,我深深感到数学工具的重要性. 许多物理科学领域的概念和计算,均需要数学工具的支撑. 然而,很可惜:关于群的起源的读物很少,且大部分科普读物只有结论而无实质性内容,专业的伽罗瓦理论则更是令普通读者望文生"畏";如今,时间已过去半个多世纪,我也年逾古稀,得抓紧时机提笔,同广大数学爱好者们重温、分享这些重要的数学知识,一起体验数学之美,享受数学之乐.

　　深入浅出地阐明伽罗瓦理论是一个很好的切入点,不过,近世代数理论比较抽象,普通读者很难理解并入门. 这就要求写作者必须尽可能考虑普通读者的阅读基础,体会到初学者感到困难的地方,尽量讲清楚每一个数学推导的细节. 其实,群的概念正是从数学家对根式求解的探索中诞生的,于是,我想就从历史上数学们对多项式方程的根式求解如何求索讲起,顺势引出群的概念,帮助读者了解不仅在物理学领域,而且在化学、晶体学等学科中的

---

① 梅向明译,高等教育出版社,1959.

② 熊全淹译,上海科学技术出版社,1962.

③ 栾德怀,张民生,冯承天译,华中工学院,1978.

④ 栾德怀,冯承天,张民生译,科学出版社,1981.

⑤ 冯承天,金元望,张民生,栾德怀译,科学出版社,1982.

⑥ 孙泽瀛译,上海科学技术出版社,1962.

应用也十分广泛的群论的起源.

2012年,我的第一本——《从一元一次方程到伽罗瓦理论》出版. 从一元一次方程说起,一步步由浅入深、循序渐进,直至伽罗瓦——一位极年轻的天才数学家,详述他是如何初创群与域的数学概念,如何完美地得出一般多项式方程根式求解的判据. 图书付梓之后,承蒙读者抬爱,多次加印,这让笔者受到很大鼓舞.

于是,我写了第二本——《从求解多项式方程到阿贝尔不可能性定理——细说五次方程无求根公式》.这本书的起点稍微高一些,需要读者具备高中数学的基础.仍从多项式方程说起,但是,期望换一个角度,在"不用群论"的情况下,介绍数学家得出"一般五次多项式方程不可根式求解"结论(也即"阿贝尔不可能性定理")的过程. 在这本书里,我把初等数论、高等代数中的一些重要概念与理论串在一起详细介绍. 比如:为了更好地诠释阿贝尔理论,使之可读性更强一些,我用克罗内克定理来推导出阿贝尔不可能性定理等;为了向读者讲清楚克罗内克方法,引入了复共轭封闭域等新的概念,同时期望以一些不同的处理方法,对第一本书《从一元一次方程到伽罗瓦理论》所涉及的内容作进一步的阐述.

写作本书的过程中,我接触到一份重要的文献——H. Dörrie 的 *Triumph der Mathematik: hundert berühmte Probleme aus zwei Jahrtausenden mathematischer Kulture*,Physica-Verlag,Würzburg,Germany,1958.其中的一篇,论述了阿贝尔理论. 该书的最初版本为德文,而该文的内容则过于简略,已经晦涩难懂,加上中译本系在英译本的基础上译成,等于是在英译德的错误基础上又添了中译英的错误,这就使得该文成了实实在在的"天书". 在笔者的努力下,阿贝尔理论终于有了一份可读性较强的诠释. 衷心期望广大数学爱好者,除了学好数学,也多学一点外语,这样,碰到重要的文献,能够直接查询原版,读懂弄通,此为题外话.

写成以上两本之后,仍感觉需要进一步补充和提高,于是写了第三本——《从代数基本定理到超越数——一段经典数学的奇幻之旅》.本书在写作方式上,继续沿用前两本的方式,从普通读者知晓的基本的代数知识出发,循序渐进地阐明数学史上的一系列重要课题,比如:数学家们如何证明代数基本定理,如何证明 π 和 e 是无理数,并继而证明它们是超越数,期望使读者在阅读本书的过程中,掌握多项式理论、域论、尺规作图理论等;也期望在这本书里,对第一本、第二本未讲清楚的地方继续进行补充.

借这三本书再版的机会,我对初版存在的印刷错误进行了修改,对正文的内容进行了补充与完善,使之可读性更强,力求自成体系.

另外,借"总序"作一个小小的新书预告.关于本系列,笔者期望再补充两本:第四本是《从矢量到张量》,第五本是《从空间曲线到黎曼几何》.笔者认为"矢量与张量""空间曲线与黎曼几何"都是优美而且有重大应用的数学理论,都应该而且能够被简洁明了地介绍给广大数学爱好者.

衷心期望数学——这一在自然科学和人文科学中都有重大应用的工具,能得到更大程度的普及,期望借本系列出版的机会,与更多的数学、物理学工作者,数学、物理学爱好者,普通读者分享数学的知识、方法及学习数学的意义,期望大家学习数学的同时,能体会到数学之美,享受数学!

冯承天

2019 年 4 月 4 日

于上海师范大学

前　言

半亩方塘一鉴开,天光云影共徘徊.
问渠那得清如许?为有源头活水来.

——[宋]朱熹《观书有感》

数学家曾坚持不懈地求索多项式方程的根式求解.事实上,早在公元前 2000 多年,古巴比伦人已经知道如何去解一些二次方程了.成书于公元一世纪前后的《九章算术》就编入了三元一次方程的题目.意大利数学家费罗(Scipione del Ferro,1465—1526)、塔尔塔利亚(Nicolo Tartaglia,约 1499—1557)和费拉里(Ferrari Lodovico,1522—1565)在 16 世纪分别研究得出了一般三次和四次方程的根式求解方法.他们的成果进而由费拉里的老师,意大利数学家卡尔达诺(Girolamo Cardano,1501—1576)进一步完善,并发表在他 1545 年出版的著作《大术》(*Ars Magna*)之中.

这样,二次、三次和四次方程的堡垒就相继被攻克了.因此有充分的理由相信,只要有足够的努力与聪明才智,人们也一定能根式求解五次方程,即会得出一个"求根公式",使人们只要把方程的各已知系数代入,经过若干次"+"、"-"、"×"、"÷"以及开方运算,便能得出方程的各个根.

然而,在随后的近 300 年中,尽管数学大师们一代接一代地竭尽全力,一般五次方程的根式求解仍无法解决.直到 19 世纪 20 年代初,年仅 19 岁的挪威数学家阿贝尔(Niels Henrik Abel,1802—1829)最终较完整地证明了"一般五次方程不可根式求解"——这就是著名的"阿贝尔不可能性定理".

一个困惑数学家们长达约 3 个世纪的难题就以"不可能性"而划上了句号.这是代数史上的一座里程碑.为了能与广大热爱研读的朋友们分享这一

优美的理论,笔者撰写的这本书起点较低,从数系、整数运算以及多项式等的一些基础理论和定理谈起,尽量写得深入透彻而详尽;书中包括有许多实例可供读者消化、推敲和练习,而且尽力达到前后呼应;对用到的各种理论和定理都加以严谨地详述.为了克服论述此专题的各文献中的种种晦涩难懂,以及叙述过简与不清、存在错误或漏洞的毛病,我们采用了一种"细说"的方式.这样可以使本书在数学内容上达到最大程度的"自封".

不过,笔者还是在书后列出了自己在研读阿贝尔定理和撰写本书时读过的部分好书和文献,希望对那些想继续深入研究的读者有用.

一系列的数学实践使笔者深信:一位掌握复数概念与运算的读者,只要勤于思考,就一定能掌握书中的(在其他数学分支中也很有用的)一些基础数学知识和定理,从而大大提高自己的数学修养;只要乐于思考,就一定能掌握"阿贝尔不可能性定理"证明的精髓,同时给自己带来数学之美的享受.

最后,感谢首都师范大学栾德怀教授的长期的关心、教导和鞭策.感谢上海师范大学周才军教授和陈跃副教授,他们仔细阅读了全书,并提出了许多宝贵意见和建议.感谢上海考试院的牟亚萍女士和上海师范大学的吴俊老师认真地打出了一稿又一稿的修改稿件,为本书的出版作出了巨大的努力.感谢华东师范大学出版社的编辑,他们为本书的出版给予了宝贵的支持、促进和帮助.

希望本书成为广大的数学爱好者学习证明"阿贝尔不可能性定理"的一本可读性较强的读物.衷心期望得到读者的批评与指正.

冯承天

2014 年 5 月于上海师范大学

内 容 简 介

本书分六个部分,共十六章,是阐述一般五次多项式方程无根式求解的阿贝尔定理的一本入门读物.

在第一部分中,从多项式方程的求解和数系的扩张谈起,详述了一次、二次、三次以及四次方程的根式求解.在第二、第三以及第四部分中,论述了关于整数、数域以及数系上多项式的一些概念和理论,其中包括了有重要应用的算术基本定理、欧几里得算法、贝祖等式、艾森斯坦不可约判据、多项式的可除定理与唯一因式分解定理、实系数多项式实数根的根数的斯图姆定理以及对称多项式基本定理等等.在第五部分中,证明了阿贝尔引理、阿贝尔不可约定理,也讨论了一些重要的扩域:n 型纯扩域以及复共轭封闭域.在最后的第六部分中,阐明了多项式方程根式求解的含义及其数学表达,论证了克罗内克定理,并最终严格证明了"阿贝尔不可能性定理".

本书还有四个附录,它们分别是:关于代数基本定理的定性说明、复数的表示及运算、韦达(François Vièta,1540—1603)用三角函数解简化的三次方程的方法,以及斯图姆定理的证明.

全书起点低,叙述详尽,论证严格,例子丰富,前后呼应,是一本深入浅出,可供数学爱好者学习新知识和方法,扩展视野,同时又能得到美的享受的可读性较强的读物.

目　录

第五部分　阿贝尔引理、阿贝尔不可约定理
以及一些重要的扩域

第六部分　多项式方程的根式求解、克罗内克定理与鲁菲尼—阿贝尔定理

第一部分
多项式方程的求解与数系的扩张

在这一部分中,我们从解多项式方程讲起,讨论了数系的扩张:从自然数、整数、有理数、实数一直到复数,而且阐明了代数基本定理,以及复数系是代数封闭的,并最后回顾了复数系的运算性质和法则.与此同时,也讨论了在后文中有重大应用的 1 的 n 次方根和纯方程的解.

在这一部分中,我们还详细地讨论了用几何(或配方)法解二次方程,用变量代换法解三次方程,以及用因式分解法解四次方程.这些方程都是有"求根公式"的.最后讲述了数学家对"解一般五次方程"这一课题的不懈努力.

第一章

多项式方程的求解和数系的扩张

§1.1 从自然数到有理数

人类最早使用的数是正整数系 $\mathbf{N}^* = \{1, 2, 3, \cdots\}$，后来又发现了负数和零。零是大约在公元 600 年，由印度数学家发现的，而负数则是欧洲文艺复兴的成果。人们把集合 $0, 1, 2, 3, \cdots$，称为自然数系，记作 $\mathbf{N} = \{0, 1, 2, 3, \cdots\}$，而把集合 $0, \pm 1, \pm 2, \cdots$，称为整数系，记作 $\mathbf{Z} = \{0, \pm 1, \pm 2, \cdots\}$。

在整数系 $\mathbf{Z}$ 中，对于"$+$"、"$-$"这两种运算而言，是封闭的，也即如果 z_1, $z_2 \in \mathbf{Z}$，则 $z_1 \pm z_2 \in \mathbf{Z}$。由此，方程

$$x + p = 0, \ p \in \mathbf{Z} \tag{1.1}$$

有解 $x = -p \in \mathbf{Z}$。不过，一般一次方程

$$px + q = 0, \ p, q \in \mathbf{Z}, \ p \neq 0 \tag{1.2}$$

的解 $x = -\dfrac{q}{p}$ 一般不属于 $\mathbf{Z}$，这就使得我们要把我们所讨论的数系，由 $\mathbf{Z}$ 扩张为有理数系 $\mathbf{Q} = \left\{\dfrac{q}{p} \middle| q, p \in \mathbf{Z}, p \neq 0\right\}$。有理数系 $\mathbf{Q}$ 的特点是它对于四则运算"$+$"、"$-$"、"$\times$"和"$\div$"（0 不为除数）是封闭的，而且它还是稠密的：在任意两个不同的有理数 $\dfrac{q_1}{p_1}$ 和 $\dfrac{q_2}{p_2}$ 之间都有无数个有理数。例如，$\dfrac{1}{2}\left(\dfrac{q_1}{p_1} + \dfrac{q_2}{p_2}\right)$ 就是其中的一个。这是不同于整数系 $\mathbf{Z}$ 的，例如，在 21、22 这两个整数之间就没有任意整数了。

§1.2 实数和复数

在公元前 500 年左右，古希腊人已经发现了无理数。就解方程而言，我们

知道二次方程

$$x^2 - 2 = 0 \tag{1.3}$$

的根为 $\pm\sqrt{2}$，这就迫使我们进入无理数集. 我们把有理数和无理数的并集称为实数系，记为 **R**. **R** 的特点之一是它的连续性. 它与实数轴上的点构成了一一对应.

　　然而 **R** 还不足以使我们解出如

$$x^2 + 1 = 0 \tag{1.4}$$

这样的方程. 为此人们在 16 世纪中引入了复数系 $\mathbf{C} = \{a + bi \mid a, b \in \mathbf{R}\}$. 其中虚数 i 满足 $i^2 = -1$，于是(1.4)就有了解 $\pm i$.

　　不过，例如，要求解方程 $x^3 + ax^2 + bx + c = 0$, $a, b, c \in \mathbf{C}$，是否还需要我们继续扩张数系，才能得到它的所有解呢？这一问题会在后一节中给予解答.

§1.3　代数基本定理

　　早在 1629 年，法国-荷兰数学家吉拉尔（Albert Girard, 1595? —1632）就推测 n 次复系数多项式方程有 n 个复数根. 1746 法国数学家达朗贝尔（Jean Le Rond d'Alembert，1717—1783）提出了代数基本定理，但他的证明不完整. 1799 年德国数学家高斯（Johann Carl Friedrich Gauss，1777—1855）在他的博士论文中较严格地证明了这一定理，随后他又给出了其他三个证明. 他的最后一个证明出现在 1849 年，即在他的最后一篇论文之中，这离他撰写博士论文已整整 50 年了. 高斯之后有许多数学家用了一百多种不同的方法证明了该定理，其中有瑞士数学家阿尔冈（Jeam-Robert Argand，1768—1822），法国数学家柯西（Augustin-Louis Cauchy，1789—1875），德国数学家魏尔斯特拉斯（Karl Weierstrass，1815—1897）和德国数学家克罗内克（Leopold Kronecker，1823—1891）等人，这一点也极其突出地说明了数学内在的基本统一性.

　　代数基本定理说的是：(参见附录 1)

　　定理 1.3.1(代数基本定理)　　$n(n > 0)$ 次多项式方程

$$z^n + a_{n-1}z^{n-1} + \cdots + a_1 z + a_0 = 0, \tag{1.5}$$

其中 $a_i \in \mathbf{C}$, $i = 0, 1, \cdots, n-1$, $a_0 \neq 0$，有 n 个复数根.

　　这个定理表明复系数方程的根仍是复数,所以如果我们在复数系的框架中求解多项式方程,那么我们就不必再对数系进行扩张了. 为此我们把复数系 **C** 称为代数闭域.(参见[1])

　　我们将在下一节中利用复数的运算(参见附录 2)来讨论 1 的 n 次方根,在 §1.5 中讨论重要的纯方程的解,以及在本章的最后一节 §1.6 中对复数系的运算性质和法则作一回顾与总结.

§1.4　1 的 n 次方根

　　从代数基本定理可知,方程 $x^n - 1 = 0$, $n \in \mathbf{N}^*$ 有 n 个根. 设 $x = r(\cos\theta + \mathrm{i}\sin\theta)$,则由棣莫弗公式 $[r(\cos\theta + \mathrm{i}\sin\theta)]^n = r^n(\cos n\theta + \mathrm{i}\sin n\theta)$ 可知 1 的 n 次方根是 $\cos\dfrac{2k\pi}{n} + \mathrm{i}\sin\dfrac{2k\pi}{n}$, $k = 0, 1, 2, \cdots, n-1$. 记 $\zeta = \cos\dfrac{2\pi}{n} + \mathrm{i}\sin\dfrac{2\pi}{n}$,则 1 的 n 次方根集合可表示为

$$G_n = \{1, \zeta, \zeta^2, \cdots, \zeta^{n-1}\}. \tag{1.6}$$

　　例 1.4.1　对于 $n = 1, 2, 3, 4$,则分别有 $G_1 = \{1\}$, $G_2 = \{1, -1\}$, $G_3 = \{1, \omega, \omega^2\}$,其中 $\omega = -\dfrac{1}{2} + \dfrac{\sqrt{3}}{2}\mathrm{i}$, $G_4 = \{1, \mathrm{i}, -1, -\mathrm{i}\}$.

　　由于 ζ 是 $x^n - 1 = 0$ 的根,因此

$$\zeta^n = 1. \tag{1.7}$$

　　其次从 $x^n - 1 = (x-1)(x^{n-1} + x^{n-2} + \cdots + x + 1)$,可知 ζ 也是 $x^{n-1} + x^{n-2} + \cdots + x + 1 = 0$ 的根,因此有

$$\zeta^{n-1} + \zeta^{n-2} + \cdots + \zeta + 1 = 0. \tag{1.8}$$

　　再则从 $\zeta^m = \cos\dfrac{2m\pi}{n} + \mathrm{i}\sin\dfrac{2m\pi}{n}$,以及 $\zeta^{n-m} = \cos\dfrac{2m\pi}{n} - \mathrm{i}\sin\dfrac{2m\pi}{n}$,可得出

$$\zeta^m \cdot \zeta^{n-m} = 1, \quad m = 1, 2, \cdots, n. \tag{1.9}$$

以及

$$\zeta^{n-m} = \bar{\zeta}^m. \tag{1.10}$$

其中符号"‾"表示取"共轭"的运算.

例 1.4.2　在 $n=3$ 时,(1.7)、(1.8)、(1.9)、(1.10)分别为

$$\omega^3=1;\ \omega^2+\omega+1=0;\ \omega\cdot\omega^2=1;\ \omega=\bar{\omega}^2.$$

例 1.4.3　沿用例 1.4.1 的符号,$G_3=\{1,\omega,\omega^2\}$,用 ω 构成 ω 的各幂次有 $\omega^1=\omega,\omega^2,\omega^3=1$,因此 ω 的各幂次能给出 G_3,即 ω 生成了 G_3,记为 $\langle\omega\rangle=G_3$. 同样,对于 ω^2,从 $(\omega^2)^1=\omega^2,(\omega^2)^2=\omega,(\omega^2)^3=1$,有 $\langle\omega^2\rangle=G_3$.

例 1.4.4　对于 $n=5$,$G_5=\{1,\zeta,\zeta^2,\zeta^3,\zeta^4\}$,不难得出 $\langle\zeta\rangle=\langle\zeta^2\rangle=\langle\zeta^3\rangle=\langle\zeta^4\rangle=G_5$,一般地,对于 $x^p-1=0$,其中 p 是一个素数(参见 §3.2),有 $G_p=\{1,\zeta,\zeta^2,\cdots,\zeta^{p-1}\}=\langle\zeta\rangle=\langle\zeta^2\rangle=\cdots=\langle\zeta^{p-1}\rangle$(参见例 4.3.3). 而且当 p 是奇素数时,$\zeta,\zeta^2,\cdots,\zeta^{p-1}$ 都是非实复数.

§1.5　纯方程的解

形如 $x^n-a=0$,$n\in\mathbf{N}^*$,$a\in\mathbf{C}$ 型的方程称为纯方程. 设复数 d 满足 $d^n=a$,则容易得出

$$d,d\zeta,d\zeta^2,\cdots,d\zeta^{n-1} \tag{1.11}$$

是 $x^n-a=0$ 的全部根,其中 $\zeta=\cos\dfrac{2\pi}{n}+\mathrm{i}\sin\dfrac{2\pi}{n}$.

由于 $x^n-a=0$ 这一方程共有 n 个根,所以 n 与 a 并不能唯一地确定一个根. 因此符号 $a^{\frac{1}{n}}$ 或 $\sqrt[n]{a}$ 的意义就不明确. 不过有时我们也使用记号 $a^{\frac{1}{n}}$ 或 $\sqrt[n]{a}$,这指的是满足 $x^n-a=0$ 的某一(确定的)根. 例如熟知的 $\sqrt{2}$ 就表示满足 $x^2-2=0$ 的算术根.

§1.6　复数系的运算性质和法则

复数系 $\mathbf{C}$ 中有以下运算性质:

1. "+"法运算,对于它有:

(i) 对任意 $a,b\in\mathbf{C}$,有 $a+b\in\mathbf{C}$;("+"法运算的封闭性)

(ii) 对任意 $a,b,c\in\mathbf{C}$,有 $(a+b)+c=a+(b+c)$;("+"法运算的结

合律)

(iii) 对任意 $a, b \in \mathbf{C}$, 有 $a+b=b+a$; ("+"法运算的交换律)

(iv) 存在数字 0, 对任意 $a \in \mathbf{C}$, 有 $a+0=0+a=a$; ("+"法运算存在零元)

(v) 对任意 $a \in \mathbf{C}$, 存在负元 $-a \in \mathbf{C}$, 有 $a+(-a)=(-a)+a=0$. (任意数对于"+"法运算存在负元)

2. "×"法运算, 对于它有:

(i) 对任意 $a, b \in \mathbf{C}$, 有 $a \cdot b \in \mathbf{C}$; ("×"法运算的封闭性)

(ii) 对任意 $a, b, c \in \mathbf{C}$, 有 $(a \cdot b) \cdot c=a \cdot (b \cdot c)$; ("×"法运算的结合律)

(iii) 对任意 $a, b \in \mathbf{C}$, 有 $a \cdot b=b \cdot a$; ("×"法运算的交换律)

(iv) 存在数字 1, 它对任意 $a \in \mathbf{C}$, 有 $1 \cdot a=a \cdot 1=a$; ("×"法运算存在单位元)

(v) 对任意 $a \in \mathbf{C}, a \neq 0$, 存在 $a^{-1} \in \mathbf{C}$, 满足 $a \cdot a^{-1}=a^{-1} \cdot a=1$. (任意不为 0 的数, 对于"×"法运算存在逆元)

3. 对"+"法, "×"法运算有分配律:

对任意 $a, b, c \in \mathbf{C}$, 有

(i) $(a+b)c=ac+bc$; ("+"法和"×"法运算的右分配律)

(ii) $c(a+b)=ca+cb$; ("+"法和"×"法运算的左分配律)

利用 $\mathbf{C}$ 中数 a, 有负元 $-a \in \mathbf{C}$, 我们可以在 $\mathbf{C}$ 中引入元的减法运算 "−": 对任意 $a, b \in \mathbf{C}$, 定义: $a-b=a+(-b)$.

利用 $\mathbf{C}$ 中数 $a(\neq 0)$, 有逆元 $a^{-1} \in \mathbf{C}$, 我们可以在 $\mathbf{C}$ 中引入元的除法运算 "÷": 对任意 $a, b \in \mathbf{C}, a \neq 0$, 定义: $\dfrac{b}{a}=b \cdot a^{-1}$.

综上所述, 我们可以把这些运算及其运算法则归纳为: 在复数系 $\mathbf{C}$ 中, "+"、"−"、"×"、"÷"运算可以如常进行.

第二章

二次、三次、四次方程的求解

§2.1　n 次方程的简化

对于一般的 n 次多项式方程

$$c_n y^n + c_{n-1} y^{n-1} + \cdots + c_1 y + c_0 = 0, \quad c_n \neq 0. \tag{2.1}$$

我们先简化为

$$y^n + b_{n-1} y^{n-1} + \cdots + b_1 y + b_0 = 0, \tag{2.2}$$

其中 $b_i = \dfrac{c_i}{c_n}$，$i = 0, 1, 2, \cdots, n-1$. (2.2)的特点是它的最高次项(首项) y^n 的系数为 1，所以称(2.2)为首 1(多项式)方程. 对于(2.2)我们再引入德国代数学家契尔恩豪森(Ehrenfried Walthervon Tschirnhaus, 1651—1708)的变量代换 $y = x - \dfrac{b_{n-1}}{n}$，再使用牛顿(Isaac Newton, 1642—1727)二项式展开，我们容易得出

$$x^n + a_{n-2} x^{n-2} + \cdots + a_1 x + a_0 = 0 \tag{2.3}$$

型方程，其中 $a_{n-1} = 0$，即比最高次项低一次的项 $a_{n-1} x^{n-1}$ 消失了. 人们把(2.3)称为 x 的一般的首 1 的 n 次简化方程.

由于(2.1)与(2.2)同解，而(2.2)又与(2.3)同解，所以解一般的 n 次多项式方程(2.1)就简化为解一般的首 1 的 n 次简化方程(2.3)了.

§2.2　二次方程的求解

由于要讨论面积问题，古埃及人已经能解一些简单的二次方程，如 $x^2 - 64 = 0$. 而到了公元七世纪，古巴比伦、古希腊，以及古印度的数学家也已经知

道如何去解一些其他类型的二次方程. 不过一直到公元十二世纪, 欧洲的数学家通过学习阿拉伯数学家的著作才掌握求解一般二次方程

$$ax^2 + bx + c = 0, \quad a \neq 0 \tag{2.4}$$

的方法。

下面我们来看一下阿拉伯数学家花拉子米 (Muhammed ibn-Musa al-Khwārizmi, 约 780—约 850) 是如何来求解 $x^2 + 10x - 39 = 0$ 的, 这也为我们常用的解二次方程的配方法提供了一个几何解释.

由图 2.2.1, 可从几何上得出 $x^2 + 10x + 25 = 39 + 25 = 64$, 因此有 $(x + 5)^2 = 8^2$, 即 $x + 5 = 8$, 从而有 $x = 3$.

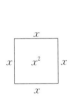

边长为 x 的正方形, 面积为 x^2 | 加 4 个长为 x 宽为 $\frac{5}{2}$ 的矩形, 总面积为 $x^2 + 10x$ | 再加 4 个边长为 $\frac{5}{2}$ 的小正方形, 总面积为 $x^2 + 10x + 25 = 64$

图 2.2.1

现在我们应用同样的思路来解 (2.4). 先将 (2.4) 变形为

$$x^2 + \frac{b}{a}x + \frac{c}{a} = 0. \tag{2.5}$$

接下来考虑到此时的 4 个小正方形的边长都应为 $\frac{b}{4a}$, 则有

$$x^2 + \frac{b}{a}x + \frac{b^2}{4a^2} = \frac{b^2}{4a^2} - \frac{c}{a}. \tag{2.6}$$

于是

$$\left(x + \frac{b}{2a}\right)^2 = \frac{b^2 - 4ac}{4a^2}. \tag{2.7}$$

由此最后可得

$$x = -\frac{b}{2a} \pm \sqrt{\frac{b^2 - 4ac}{4a^2}} = \frac{-b \pm \sqrt{b^2 - 4ac}}{2a}. \tag{2.8}$$

这就是我们熟知的一般二次方程的求根公式:如果(2.4)给定了,即系数 a、b、c 是已知的,那么我们把它们代入(2.8),便能得出(2.4)的两个解.

例 2.2.1　求解方程 $x^2 + 10x - 39 = 0$.

解　此时 $a = 1$, $b = 10$, $c = -39$,从而有 $x_{1,2} = \dfrac{-10 \pm \sqrt{100 + 156}}{2} = -5 \pm 8$,即 $x_1 = 3$ 或 $x_2 = -13$. 这与上述同例的结果相比,当时并没有得出 $x = -13$ 这一根. 这是因为正方形的边长不能取负值,所以舍去了,事实上,在花拉子米的那个时代,人们尚未认识到负数.

顺便提一下花拉子米:他撰写过两本数学教科书,其中第一本名为 *Hisab al-jabr w'almuqabah*(《还原与配平之精要》). 该书出版后又过了 300 多年才传到了欧洲,当时竟造成了极大的轰动,以至于书名中的"al-jabr"演化成西文中的代数一词(algebra, algèbre, ……),而他的名字拉丁化后拼写为 "Algoritmi",其后又变形为"Algorithm",即西文中的"算法"一词. 本书中将阐明一些与我们正题有关的算法.

§2.3　三次方程的求解

约在 1515 年,意大利数学家费罗成功地解出了 $ax^3 + bx + c = 0(a \neq 0)$ 型的三次方程,但没有发表其成果. 1535 年左右意大利数学家塔尔塔利亚解决了一般的三次方程求解方法,而在 1545 年意大利数学家卡尔达诺出版的名著《大术》中公布了这一解法. 下面我们用代数方法来导出一般的首 1 的三次简化方程

$$x^3 + px + q = 0 \tag{2.9}$$

的求根公式. 为此我们应用完全立方公式 $(u+v)^3 = u^3 + v^3 + 3uv(u+v)$,令 $x = u + v$,引入新变量 u、v,于是由(2.9)可得

$$u^3 + v^3 + (3uv + p)(u+v) + q = 0. \tag{2.10}$$

由于 x 是一个未知数,而 u、v 是两个未知数,我们可以对 u、v 再加一个约束条件 $3uv = -p$. 由此(2.10)就简化为

$$u^3 + v^3 + q = 0. \tag{2.11}$$

以 $v = \dfrac{-p}{3u}$ 代入,有

$$u^6 + qu^3 - \frac{p^3}{27} = 0. \tag{2.12}$$

令 $t = u^3$,即有

$$t^2 + qt - \frac{p^3}{27} = 0. \tag{2.13}$$

这是一个关于 t 的二次方程,于是有

$$u^3 = t = \frac{-q}{2} \pm \sqrt{\frac{q^2}{4} + \frac{p^3}{27}}. \tag{2.14}$$

现在取 ± 中的正号. 对于这个正号,这个方程给出 u 的 3 个根,选定其中一个且记为(参见 §1.5)

$$u = \sqrt[3]{\frac{-q}{2} + \sqrt{\frac{q^2}{4} + \frac{p^3}{27}}}, \tag{2.15}$$

然后从 $v = \dfrac{-p}{3u}$ 来确定 v. 通过"分母有理化"的方法,可得出

$$v = \sqrt[3]{\frac{-q}{2} - \sqrt{\frac{q^2}{4} + \frac{p^3}{27}}}. \tag{2.16}$$

也即与 u 配对的 v,要从(2.16)选定,以保证 $3uv = -p$. 最后从 $x = u+v$,我们得出了一般的首 1 的简化三次方程(2.9)的求根公式——卡尔达诺公式

$$x = \sqrt[3]{\frac{-q}{2} + \sqrt{\frac{q^2}{4} + \frac{p^3}{27}}} + \sqrt[3]{\frac{-q}{2} - \sqrt{\frac{q^2}{4} + \frac{p^3}{27}}}. \tag{2.17}$$

显然由这里选定的 u、v 这一对,而给出的 ωu、$\omega^2 v$ 对,以及 $\omega^2 u$、ωv 对,则能分别给出原方程的另外 2 个解(参见例 1.4.2),于是最终有

$$x_{1,2,3} = \varepsilon \sqrt[3]{\frac{-q}{2} + \sqrt{\frac{q^2}{4} + \frac{p^3}{27}}} + \varepsilon^2 \sqrt[3]{\frac{-q}{2} - \sqrt{\frac{q^2}{4} + \frac{p^3}{27}}} \tag{2.18}$$

其中 $\varepsilon = 1$、ω、ω^2,这就是著名的卡尔达诺公式.

例 2.3.1　求解方程 $x^3 - 15x - 126 = 0$.

解　此时 $p = -15$，$q = -126$，则

$$u^3 = \frac{126}{2} + \sqrt{\left(\frac{126}{2}\right)^2 + \frac{(-15)^3}{27}} = 63 + \sqrt{3969 - 125} = 63 + 62 = 125.$$

现在选定 $u = \sqrt[3]{\dfrac{-q}{2} + \sqrt{\dfrac{q^2}{4} + \dfrac{p^3}{27}}} = \sqrt[3]{125} = 5$，则 $v = \dfrac{-p}{3u} = \dfrac{15}{3 \times 5} = 1$（也可以从 $v = \sqrt[3]{\dfrac{-q}{2} - \sqrt{\dfrac{q^2}{4} + \dfrac{p^3}{27}}}$ 得到相同的结果）. 于是方程的解为

$x_1 = 6$，$x_2 = 5\omega + \omega^2 = -3 + 2\sqrt{3}\,\mathrm{i}$，$x_3 = 5\omega^2 + \omega = -3 - 2\sqrt{3}\,\mathrm{i}$.

由于 $x_1 = 6$ 是方程 $x^3 - 15x - 126 = 0$ 的一个根，我们还可以如下进行来求另外两个根：类似例 8.3.2，有 $x^3 - 15x - 126 = (x - 6) \cdot g(x)$，其中

$$g(x) = \frac{x^3 - 15x - 126}{x - 6} = x^2 + 6x + 21，解\ x^2 + 6x + 21 = 0，同样可得$$

$x_{2,3} = -3 \pm 2\sqrt{3}\,\mathrm{i}$.

例 2.3.2　求解方程 $x^3 - 15x - 4 = 0$.

解　此时 $p = -15$，$q = -4$，于是由卡尔达诺公式有

$$x_{1,2,3} = \varepsilon \sqrt[3]{2 + \sqrt{-121}} + \varepsilon^2 \sqrt[3]{2 - \sqrt{-121}}.$$

例 2.3.3　求解方程 $x^3 - 7x + 6 = 0$.

解　此时 $p = -7$，$q = 6$，于是由卡尔达诺公式有

$$x_{1,2,3} = \varepsilon \sqrt[3]{-3 + \sqrt{\frac{-100}{27}}} + \varepsilon^2 \sqrt[3]{-3 - \sqrt{\frac{-100}{27}}}.$$

§2.4　卡尔达诺公式与复数

上一节中我们推导了卡尔达诺公式，并把它用于 3 个具体的例子. 一切都很完满，不过当时人们对复数尚无认识，二次方程的负根一般都是舍去的（参见例 2.2.1），更不用说方程的非实复根了. 因此在应用卡尔达诺公式时就会出现种种问题.

例 2.3.2 给我们提供了一个很好的例子. 不难验证 $x = 4$ 是该方程的一个解，

可是卡尔达诺公式给出的解却是 $x_{1,2,3} = \varepsilon\sqrt[3]{2 + \sqrt{-121}} + \varepsilon^2\sqrt[3]{2 - \sqrt{-121}}$. 那么如何由此得出 $x = 4$ 呢?

意大利水力工程师邦贝利(Rafael Bombelli, 1526? —1572)对此作出了贡献,他首先意识到:对负数开平方是不可避免的. 1560 年,他"疯狂地"想到了把 $\sqrt{-121}$ 表示为 $11\sqrt{-1}$,以及把 $\sqrt[3]{2 + \sqrt{-121}}$ 表示为 $2 + b\sqrt{-1}$,其中的 b 用下列方法待定:将 $\sqrt[3]{2 + \sqrt{-121}}$ 与 $(2 + b\sqrt{-1})$ 分别立方,从而有 $2 + 11\sqrt{-1} = 8 + 12b\sqrt{-1} - 6b^2 - b\sqrt{-1}$,由此推出 $b = 1$. 这样就得到了 $\sqrt[3]{2 + \sqrt{-121}} = 2 + \sqrt{-1}$. 同理,$\sqrt[3]{2 - \sqrt{-121}} = 2 - \sqrt{-1}$,于是 $x = 2 + \sqrt{-1} + 2 - \sqrt{-1} = 4$.

不过邦贝利的方法只适用于不多的几个例子. 这就迫使我们的前辈们去适应、去研究虚数和更一般的复数.

例 2.3.3 给出了另一个典型的例子. 不难验证此方程的 3 个根为 1、2 和 -3. 但是我们能看出表达式 $x_{1,2,3} = \varepsilon\sqrt[3]{-3 + \sqrt{\dfrac{-100}{27}}} + \varepsilon^2\sqrt[3]{-3 - \sqrt{\dfrac{-100}{27}}}$ 是实数、有理数,还是整数吗?

既然这个方程的 3 个根都是实数,数学家就致力于去寻找一个仅含能得出实值的开根运算的公式去求这些实根. 不过这些努力都失败了——人们证明了:实根必须通过复数而得到. 这就是著名的"不可简化情况"(Casus Irreducibilis)(参见[4] p120). 由此可见,复数在人类认识世界中确实是不可或缺的!

这些问题及其他的一些问题促使人们对复数进行了研究. 法国数学家笛卡儿(Rene Descartes,1596—1650)首先提出了现代意义上的术语"实的"和"虚的"数. 1831 年,高斯引入了"复数"这一名词.

§2.5 四次方程的求解

在 1545 年卡尔达诺出版的《大术》中还第一次发表了他的学生费拉里给出的四次方程的求解公式. 下面我们采用笛卡儿的因式分解法来解下列一般首 1 的简化四次方程

$$x^4 + px^2 + qx + r = 0. \tag{2.19}$$

笛卡儿试着把(2.19)左边的多项式因式分解为

$$x^4 + px^2 + qx + r = (x^2 + kx + l)(x^2 + nx + m). \tag{2.20}$$

如果能实现这一因式分解,那么(2.19)的解就归纳为解

$$x^2 + kx + l = 0 \text{ 及 } x^2 + nx + m = 0 \tag{2.21}$$

了.为此我们必须用(2.19)中已知的系数 p、q、r 来表示(2.21)中的系数 k、l、n、m,使得(2.21)成为两个"已知的"方程再去求解.

比较(2.20)左右两边 x^3、x^2、x 各项的系数以及常数项,不难得出

$$n = -k, \; l + m - k^2 = p, \; k(m - l) = q, \; lm = r. \tag{2.22}$$

于是,若 $n = -k = 0$,则 $q = 0$,此时,(2.19)即为 $x^4 + px^2 + r = 0$ 型的四次方程.把它看成是关于 x^2 的二次方程,我们就能求解了.为此我们下面就讨论 $k \neq 0$ 的情况.此时从(2.22)中间的两个等式,不难得出

$$2m = k^2 + p + \frac{q}{k}, \; 2l = k^2 + p - \frac{q}{k}. \tag{2.23}$$

于是由(2.22)中的最后一个等式,就有

$$k^6 + 2pk^4 + (p^2 - 4r)k^2 - q^2 = 0, \tag{2.24}$$

这是一个关于 k 的六次方程.如果我们能解出这个方程,那么由(2.23)就可得出 m、l 的值,因此(2.21)给出的两个方程就可求解了.

我们原来要解的是四次方程(2.19),而笛卡儿的方法却要我们去解一个六次方程,是否有点"节外生枝"了呢?(2.24)是关于 k 的一个六次方程,不过它又是一个关于 k^2 的三次方程,即令 $t = k^2$,有

$$t^3 + 2pt^2 + (p^2 - 4r)t - q^2 = 0. \tag{2.25}$$

用卡尔达诺公式这是可解的.于是我们最终有了解(2.19)的方案:

(i) 解(2.25),得出 t 值;

(ii) 由 $t = k^2$,得出 k 值;

(iii) 由(2.23)得出 m 与 l 的值;

(iv) 最后解(2.21)得出原方程(2.19)的 4 个根.

我们把这一过程详细地写出来,便能得到一般的首 1 的简化四次方程的求根公式.不过,我们将会得到一个十分繁复的表达式.要具体去求解一个四

次方程,按照上面的步骤一步步地去做,反倒比直接代公式更有趣味.

例 2.5.1   求解方程 $x^4 - 2x^2 + 8x - 3 = 0$.

解   此时 $p = -2$, $q = 8$, $r = -3$,则(2.25)为 $t^3 - 4t^2 + 16t - 64 = (t-4)(t^2 + 16) = 0$,因此可取 $t = 4$,从而 $k = \pm 2$. 取 $k = 2$,则由(2.23)得出 $l = -1$, $m = 3$;取 $k = -2$,有 $l = 3$, $m = -1$. 它们给出相同的方程 $x^2 + 2x - 1 = 0$,以及 $x^2 - 2x + 3 = 0$,解之有 $x_{1,2,3,4} = -1 \pm \sqrt{2}$,$1 \pm \sqrt{2}\,\mathrm{i}$.

§2.6   一般五次方程有公式解吗?

这样,一次、二次、三次、四次多项式方程都有了求解的公式,也就是以已知方程的各系数等作"材料",用"+"、"−"、"×"、"÷"以及开方运算,我们可以在有限的步骤内计算出该方程的根来,即它们都是根式可解的.

那么一般五次方程能不能根式求解呢? 这确实是数学家们的下一个高峰、下一个挑战.

许多数学家都研究过这一问题. 我们前面提到过的德国数学家契尔恩豪森曾声称他获得了一个解答,后来证明它是错的,不过他的方法确实给出了二次、三次和四次方程的解. 后面将提到的法国数学家贝祖(Elienne Bezout,1730—1783)也研究过求解一般的五次方程,不过他也失败了. 其后又有瑞士数学家欧拉(Leonhard Euler,1707—1783),他猜想只要进行适当的化简运算,五次方程就可以降为四次方程. 他确实发现了解四次方程的一些新方法并解出了 $x^5 - 5px^3 + 5p^2x - q = 0$ 等方程,但仍解不出一般的五次方程.

要特别提一下的是法国数学家范德蒙(Alexandre Theophile Vandermonde,1735—1796)以及法国数学家拉格朗日(Joseph-Louis Lagrange,1736—1813).前者提出"根的对称式表达方法",后者创立了"预解式方法"(参见[4]p20 和 p23),从而能用统一的观点去解二次、三次和四次方程. 但是他们的方法对一般的五次方程仍无能为力. 不过拉格朗日对新的方法可能会成功仍抱有希望(参见[20]p78).

接下来就得说到"数学王子"——德国数学家高斯了,他在 1799 年的博士论文中证明了"代数基本定理"(参见§1.3 及附录 1),同时又表示了他认同五次方程一般无根式求解的信念. 1801 年高斯出版了他的巨著《算术研究》(*Dispuisitiones Arithmeticae*),在其中给出了纯方程 $x^n - 1 = 0$, $n \in \mathbf{N}^*$ 的根式解法(参见[19]).这样看来有一些高次方程还是可以根式求解的,这就自然地使高斯去考虑一般的可解性问题. 他写道:"经过这几年几何学家的不懈努力,一般方程的代数求解几乎是没有希望的. 这种解看起来越来越像是不可能的,且会是矛盾的. "高斯这里提到的"几何学家"(参见§2.2)和"代数求解",用现在的用语来说分别就是"代数学家"和"根式求解".

这样,自费拉里成功地解出一般的四次方程以来,在近三百年中,数学家们却攻不破一般五次方程的根式求解这一堡垒. 难道正像高斯所说的那样,根式求解一般五次方程是不可能实现的?

1799 年意大利数学家兼内科医生鲁菲尼(Paolo Ruffini,1765—1822)出版了有 516 页的两卷本《方程式的一般理论》,首先试图证明一般五次方程是不能根式求解的. 在当时光是要证明这一"不可能性"的想法本身就是"不可想象的",何况对一些必不可少的论述他又一带而过,所以尽管他在随后的 1803 年、1808 年以及 1813 年,提供了新的阐述,但他的著作还是遭到了冷遇. 他给拉格朗日寄去了著作又写了信,但都无回音. 倒是他在去世前 6 个月时收到了柯西的来信,肯定他"完全地证明了五次以上一般方程的代数求解是不可能的". 1815 年,柯西还在鲁菲尼工作的基础上发表了一篇关于置换的论文. 这为今后的阿贝尔研究奠定了基础.

1802 年阿贝尔出生在挪威南部的一个偏远小村庄中. 阿贝尔的父亲是当地教会的教师,一家九口,生活极为贫困. 阿贝尔 16 岁时,他开始阅读牛顿、欧拉以及拉格朗日等大师的著作,而且在老师的帮助下读懂了高斯的巨著《算术研究》,并开始研究求解五次方程"这个代数中最著名且最重要的问题之一"(拉格朗日语). 他很可能知道高斯关于五次方程不可根式求解的看法,不过他还是致力于找求一种解法,毕竟高斯只是说说而已,并无给出证明. 一度他认为自己已经解出一般五次方程了,其后在试解了一些具体方程后他就发觉了他解案中的错误,从而转向"不可能性"的研究. 大约在 19 岁时(参见[8]p373),他用反证法证明了这种"不可能性". 困扰数学家近 300 年的难题就此划上了句号. 1824 年,他自筹资金印刷他的论文,但为了节省印刷成本,他把论文压缩成六页. 这就使得论文表述过于简略,很难看得懂. 他给高斯寄去了一份,但高斯却把它丢在一旁,根本没有过目,却说道:"这里又是一个这种怪物. "不过 1826 年阿贝尔在《纯数学和应用数学杂志》的第一卷中发表了 6 篇论文,其中就有他在 1824 年论文的基础上,撰写得更为详尽的"关于五次以上一般方程不能用代数方法解出的研究"这一篇论文,其中用到了上面提到过的柯西关于置换所做过的研究. 这是代数史上的一个里程碑.

　　说过"上帝创造了整数,而其他一切都是人为的"那句名言的德国数学家克罗内克在对伽罗瓦理论的深刻理解的基础上,在 1856 年另辟蹊径,讨论了多项式方程的可解性问题.1879 年他又著文更简洁明了地给出了阿贝尔定理的证明.

　　我们在本书中采用的方法是:在证明了阿贝尔引理和阿贝尔不可约定理这两个命题的基础上,再引入克罗内克的结果,从而展示这一优美的课题. 不过为了尽量平易、系统和完整地阐明阿贝尔定理以便与广大热爱研究数学的朋友们分享由此带来的乐趣,我们从整数理论着手,循序渐进地、深入浅出地开始我们的"征服之旅".

第二部分
整数的一些基本概念、定理与理论

为了证明"阿贝尔不可能性定理",我们在这一部分中阐明了关于整数的一些理论:正整数的可除定理、算术基本定理、欧几里得算法,以及贝祖等式等.它们除了在本书中有多次应用外,在其他的数学分支中也有不少应用.

第三章

算术基本定理

§3.1 正整数的可除定理

定义 3.1.1 对于任意 $m, n \in \mathbf{N}$，且 $n \neq 0$，若 $\dfrac{m}{n} \in \mathbf{N}$，则称 n 整除 m，记作 $n \mid m$，此时 m 是 n 的一个倍数，n 是 m 的一个因子；若 $\dfrac{m}{n} \notin \mathbf{N}$，即 n 不能整除 m，则记作 $n \nmid m$.

一般地，对于正整数的除法，我们有：

定理 3.1.1（正整数的可除定理） 对于任意 $a, b \in \mathbf{N}^*$，存在唯一的 q，$r \in \mathbf{N}$，满足

$$b = aq + r, \ r < a. \tag{3.1}$$

下面我们按 $a > b$，$a = b$，$a < b$ 这三种情况来证明定理所表明的存在性：

（1）若 $a > b$，则取 $q = 0$，且 $r = b < a$，它们满足定理要求；

（2）若 $a = b$，则取 $q = 1$，且 $r = 0 < a$，它们满足定理要求；

（3）若 $a < b$，此时存在 $n \in \mathbf{N}^*$，有 $na > b$. 设 q 是满足 $(q+1)a > b$ 的最小正整数，于是有 $qa \leqslant b$. 此时取 $r = b - aq$，则有 $b = aq + r$，且 $0 \leqslant r < a$.

其次我们证明数对 (q, r) 的唯一性. 为此假定数对 (q', r') 也满足 $b = aq' + r'$，这里 $q', r' \in \mathbf{N}$，且 $r' < a$. 于是由 $aq + r = aq' + r'$，有 $a(q - q') = r' - r$，因此 $a \mid |r - r'|$. 由此推出 $|r - r'| \geqslant a$，或 $|r - r'| = 0$. 而 $0 \leqslant r$，$r' < a$，有 $|r - r'| < a$，所以只有 $|r - r'| = 0$ 能成立. 由此可知 $r' = r$，且 $q' = q$.

§3.2　素数和合数

对于任意 $n \in \mathbf{N}^*$，我们恒有 $1|n$，且 $n|n$，即 1 和 n 都是 n 的因子. 由此我们引入:

定义 3.2.1　大于 1 的正整数 n，如果 n 的因子仅有 1 和 n，那么称 n 为一个素数. 任意大于 1 的正整数如果不是素数，那么称为合数.

例 3.2.1　数 1 不是素数，也不是合数. 正整数除 1 以外，要么是素数，要么是合数. 最初的 10 个素数是 2、3、5、7、11、13、17、19、23 和 29. 偶数中除 2 是素数以外都是合数，因此素数除 2 以外一定是奇数.

从定义 3.2.1 可知任意大于 1 的正整数 n 都至少有一个素数的因子——素因子. 这是因为如果 n 是素数，那么它的素因子就是 n 本身；如果 n 是合数，那么它有因子 a，$1 < a < n$，此时如果 a 是一个素数，那么 n 有素因子 a，如果 a 是一个合数，我们对 a 的因子作类似的分析. 因为 n 是有限的，这一过程定会终止于得出 n 的一个素因子. 于是我们有以下结论:

定理 3.2.1　每一个大于 1 的正整数 n 都有一个素因子.

例 3.2.2　古希腊数学家欧几里得(Euclid,公元前 325? —公元前 270?)曾用反证法证明了素数有无穷多个. 假定仅有 m 个素数 p_1, p_2, $\cdots$, p_m, 且 $p_1 < p_2 < \cdots < p_m$, 对此构造数 $p = p_1 p_2 \cdots p_{m-1} p_m + 1$. 若 p 是素数，则由 $p > p_m$ 可知这是一个新的素数，这就与我们的假设矛盾了；若 p 是合数，则按定理 3.2.1 它有素因子. 不过我们只有 m 个素数，所以这个素因子必为某个 p_k，于是由 $p_k | p$ 就可得出 $p_k | 1$，这又矛盾了. 这两个矛盾的出现是由于我们假定仅有 m 个素数造成的. 由此我们证得了素数的个数是无限的.

§3.3　算术基本定理

根据上一节的讨论，我们知道如果 n 是一个合数，那么它有素因子 p_1，设 $n = p_1 \cdot r_1$，这里 $r_1 > 1$. 若 r_1 是一个素数，则 $n = p_1 r_1$ 就是 n 的一个素因子(乘积)分解；若 r_1 是一个合数，则 $r_1 = p_2 \cdot r_2$，其中 p_2 是一个素数，且 $r_2 > 1$，因此有 $n = p_1 p_2 r_2$. 若 r_2 是一个素数，则 $n = p_1 p_2 r_2$ 就是 n 的素因子(乘积)分解，否则的话，我们再对合数 r_2 进行素因子分解. 以此类推，经过有限的步骤后，我们能得出

$$n = p_1 p_2 \cdots p_k, \text{其中 } p_i, i = 1, 2, \cdots, k \text{ 都是素数.} \qquad (3.2)$$

下面我们来证明 n 的这一素因子分解也是唯一的.

假定存在一些正整数 $n_1, n_2, \cdots$, 它们有两种不同的素因子分解. 我们从中选出最小的 n, 即对 n 有

$$n = p_1 p_2 \cdots p_k = q_1 q_2 \cdots q_h, \qquad (3.3)$$

其中 $p_1, p_2, \cdots, p_k; q_1, q_2, \cdots, q_h$ 是分别满足 $p_1 \leqslant p_2 \leqslant \cdots \leqslant p_k$; $q_1 \leqslant q_2 \leqslant \cdots \leqslant q_h$ 的素数, 且 k 重组 $(p_1, p_2, \cdots, p_k)$ 与 h 重组 $(q_1, q_2, \cdots, q_h)$ 不同. 既然 n 有素因子分解 (3.3), 那么 $k, h \geqslant 2$. 按假设 n 是满足这些要求的最小正整数, 我们可以通过找到一个更小的正整数, 它也有 (3.3) 型的不同素因子分解, 从而导致一个矛盾.

首先, 我们断言对于任意 $i = 1, 2, \cdots, k$; $j = 1, 2, \cdots, h$, $p_i \neq q_j$, 也即在 k 重组 $(p_1, p_2, \cdots, p_k)$ 与 h 重组 $(q_1, q_2, \cdots, q_h)$ 没有相同的素数, 否则的话, 若 $p_k = q_h = p$, 那么定义 $n' = \dfrac{n}{p}$, 则有 $n' = p_1 p_2 \cdots p_{k-1} = q_1 q_2 \cdots q_{h-1}$, 且 $1 < n' < n$. 于是 n' 也符合要求, 而这就与 n 的最小性矛盾了.

其次, 不失一般性, 可假定 $p_1 \leqslant q_1$, 也即 p_1 是 n 的 (3.3) 分解之中出现的最小素因子, 现在就数 p_1 和数 $q_1, q_2, \cdots, q_h$ 应用 §3.1 的可除定理, 而有

$$
\begin{aligned}
q_1 &= p_1 c_1 + r_1, \\
q_2 &= p_1 c_2 + r_2, \text{其中 } 1 \leqslant r_i < p_1, i = 1, 2, \cdots, h, \\
&\vdots \\
q_h &= p_1 c_h + r_h,
\end{aligned}
\qquad (3.4)
$$

于是有

$$n = q_1 q_2 \cdots q_h = (p_1 c_1 + r_1)(p_1 c_2 + r_2) \cdots (p_1 c_h + r_h). \qquad (3.5)$$

将最后一个乘积展开, 且将含 p_1 的项归并在一起, 就有 $n = m p_1 + r_1 r_2 \cdots r_h$, 其中 m 是某一正整数. 把这样得出不等于 0 的数 $r_1 r_2 \cdots r_h$ 记为 n'', 即 $n'' = r_1 r_2 \cdots r_h < n$, 我们对它进行一些讨论.

(i) 由 $n = p_1 p_2 \cdots p_k = m p_1 + n''$, 有 $p_1 \mid n$, 而 $p_1 \mid m p_1$, 因此可推出 $p_1 \mid n''$. 所以有 $n'' = p_1 s$, 其中 $s \in \mathbf{N}^*$, $s \geqslant 1$. 但 $s \neq 1$, 否则的话, 因为 $n'' = p_1 = r_1 r_2 \cdots r_h$, p_1 是素数, 那么在 $r_1 r_2 \cdots r_h$ 中一定有某一个 $r_j = p_1$, 而其他的

$r_i(i \neq j)$ 都等于 1,这与 $1 \leqslant r_i < p_1$, $i = 1, 2, \cdots, h$ 矛盾.

(ii) 由于 $s > 1$, $s \in \mathbf{N}^*$,所以根据定理 3.2.1 以及(3.2),我们可以对 s 进行素因子分解,即 $s = s_1 s_2 \cdots s_l$,其中 s_1, s_2, $\cdots$, s_l 都是素数.

(iii) $n'' = r_1 r_2 \cdots r_h$, $1 \leqslant r_i < p_1$, $i = 1, 2, \cdots, h$,我们对其中的每一个 r_i 进行素因子分解,可得到 $n'' = t_1 t_2 \cdots t_m$,其中每一个素因子 $t_j < p_1$, $j = 1$, $2, \cdots, m$.

(iv) 由 $n'' = p_1 s = p_1 s_1 s_2 \cdots s_l = t_1 t_2 \cdots t_m$,且 $t_j < p_1$, $j = 1, 2, \cdots, m$ 可知 n'' 有两个不同的素因子分解.

(v) 从 $n > n''$ 可知(iv)的结果与 n 的最小性矛盾. 反证法证明证毕.

综合上面的结果,我们有:

定理 3.3.1(算术基本定理)　每一个大于 1 的正整数都可以唯一地表示为一些素数的乘积.

推论 3.3.1　设 $n \in \mathbf{N}^*$, $n > 1$,则 n 可以唯一地表示为

$$n = p_1^{v_1} p_2^{v_2} \cdots p_k^{v_k}. \tag{3.6}$$

其中 p_1, p_2, $\cdots$, p_k 是不同的素数,v_1, v_2, $\cdots$, $v_k \in \mathbf{N}^*$. n 的这种表示称为 n 的典型分解式.

推论 3.3.2　设 a、b 是大于 1 的两个正整数,则 ab 的素因子分解就是 a 的素因子分解与 b 的素因子分解的乘积.

推论 3.3.3　设 $a, b \in \mathbf{N}$,如果 $p \mid ab$,其中 p 是一素数,那么 $p \mid a$,或 $p \mid b$.

这是因为由 $p \mid ab$ 可知,p 出现在 ab 的素因子分解之中,而由推论 3.3.2 可知 p 必定出现在 a 或 b 的素因子分解之中,故有 $p \mid a$,或 $p \mid b$.

例 3.3.1　对于 132 有 $132 = 2^2 \times 3 \times 11$,而对于 7560 有 $7560 = 2^3 \times 3^3 \times 5 \times 7$.

第四章

欧几里得算法

§4.1 最大公因子

定义 4.1.1 若 a、b 是正整数,我们把能整除 a、b 的最大正整数 d 称为它们的最大公因子,记作 $d = \gcd(a, b)$.

利用推论 3.3.1,我们可得求 $d = \gcd(a, b)$ 的一个方法. 例如从例 3.3.1 有 $\gcd(132, 7560) = 2^2 \times 3 = 12$.

不过,如果 a、b 很大时,a、b 本身的素因子分解就不易求得,所以此时用推论 3.3.1 来求 $\gcd(a, b)$ 就不易进行了. 幸好欧几里得早在 2300 多年前已经提出了一个更为有效的方法——欧几里得算法.

§4.2 欧几里得算法

为了证明这一算法,我们先证明下列引理:

引理 4.2.1 设 $a, b \in \mathbf{N}^*$, $a \geqslant b \geqslant 1$,且有

$$a = qb + r, \tag{4.1}$$

其中 $q, r \in \mathbf{N}^*$,且 $b > r \geqslant 0$,则

$$\gcd(a, b) = \gcd(b, r), \tag{4.2}$$

事实上,若 u 满足 $u \mid b$, $u \mid r$,则由(4.1)可知 $u \mid a$,因此 $\gcd(b, r) \mid a$. 另外根据定义 $\gcd(b, r) \mid b$. 因此

$$\gcd(b, r) \leqslant \gcd(a, b). \tag{4.3}$$

反过来,若 u 满足 $u \mid a$, $u \mid b$,则从 $r = a - qb$,有 $\gcd(a, b) \mid r$,再考虑到 $\gcd(a, b) \mid b$,因此

$$\gcd(a, b) \leqslant \gcd(b, r). \tag{4.4}$$

比较(4.3)与(4.4)最后就有

$$\gcd(a, b) = \gcd(b, r). \tag{4.5}$$

这样求较大数 a、b 的最大公因子就可以比较容易地归结为求较小数 b、r 的最大公因子. 对数 b、r 我们再可以应用引理. 以此类推, 一般地我们就有下列欧几里得算法:

设 $a, b \in \mathbf{N}^*$, $a \geqslant b \geqslant 1$, 进行下列各行除法

$$
\begin{aligned}
& a = bq_1 + r_1, \ 0 \leqslant r_1 < b, \\
& b = r_1 q_2 + r_2, \ 0 \leqslant r_2 < r_1, \\
& r_1 = r_2 q_3 + r_3, \ 0 \leqslant r_3 < r_2, \\
& \qquad \vdots \\
& r_{k-2} = r_{k-1} q_k + r_k, \ 0 \leqslant r_k < r_{k-1}, \\
& r_{k-1} = r_k q_{k+1} + r_{k+1}, \ r_{k+1} = 0.
\end{aligned}
\tag{4.6}
$$

这里的每一个余数都是非负的, 且有 $r_1 > r_2 > r_3 > \cdots$, 我们最终必定会达到一个余数 0. 这里以 r_{k+1} 表示第一个余数 0, 而 r_k 即是最后一个非零余数. 于是由引理 4.2.1 有

$$
\begin{aligned}
\gcd(a, b) &= \gcd(b, r_1) = \gcd(r_1, r_2) = \cdots \\
&= \gcd(r_{k-2}, r_{k-1}) = \gcd(r_{k-1}, r_k) = r_k.
\end{aligned}
$$

这里最后一个等式的得出是因为 $r_k < r_{k-1}$, 且 $r_k \mid r_{k-1}$, 因此 $\gcd(r_{k-1}, r_k) = r_k$. 由于在欧几里得算法中一次又一次地应用除法, 所以欧几里得算法也称为辗转相除法.

例 4.2.1 计算 $\gcd(132, 7560)$.

按(4.6), 我们有 $7560 = 132 \times 57 + 36$, $132 = 36 \times 3 + 24$, $36 = 24 \times 1 + 12$, $24 \div 12 = 2$, 因此 $\gcd(132, 7560) = 12$.

§4.3 贝祖等式

欧几里得算法既给出了求两个正整数 a、b 最大公因子的方法, 又同时证明了最大公因子的存在, 真是"一箭双雕". 此外把欧几里得算法"倒回过去"

用,我们还能得到重要的贝祖等式.

例 4.3.1 沿用例 4.2.1 的计算,则有 $36 = 7560 - 57 \times 132$, $24 = 132 - 3 \times 36$, $12 = 36 - 24$,从而有 $12 = 36 - (132 - 3 \times 36) = 4 \times 36 - 132 = 4 \times (7560 - 57 \times 132) - 132 = 4 \times 7560 - 229 \times 132$,也即 $12 = \gcd(132, 7560) = -229 \times 132 + 4 \times 7560$.

一般地,对 (4.6) 用"倒回过去"的推算,我们能得到

定理 4.3.1(贝祖等式) 对于任意正整数 a, b,存在整数 u, $v \in \mathbf{Z}$,使得

$$\gcd(a, b) = ua + vb. \tag{4.7}$$

例 4.3.2 设 $a = 191$, $b = 538$,则用欧几里得算法可得 $\gcd(191, 538) = 1$,而且容易得出存在 $u = -169$, $v = 60$,使得 $1 = -169 \times 191 + 60 \times 538$.

定义 4.3.1 若正整数 a, b 满足 $\gcd(a, b) = 1$,则称 a、b 是互素的.

对互素的 a、b 应用定理 4.3.1,则有

推论 4.3.1 若 a、b 互素,则存在 u, $v \in \mathbf{Z}$,使得

$$ua + vb = 1. \tag{4.8}$$

例 4.3.3 例 1.4.4 中一般情况的证明. 沿用例 1.4.4 中的符号,设 $\zeta^k \in G_p = \{1, \zeta, \zeta^2, \cdots, \zeta^{p-1}\}$,其中 p 是素数,$k = 1, 2, \cdots, p-1$,于是从 $\gcd(k, p) = 1$,可知有 u, $v \in \mathbf{Z}$,满足 $uk + vp = 1$. 于是对于任意 $\zeta^m \in G_p = \{1, \zeta, \zeta^2, \cdots, \zeta^{p-1}\}$,有 $\zeta^m = \zeta^{m(uk+vp)} = \zeta^{muk} = (\zeta^k)^{mu}$,即 ζ^k 的 mu 次幂能给出 ζ^m,也即 $\langle \zeta^k \rangle = G_p$,$k = 1, 2, \cdots, p-1$,或 $\langle \zeta^1 \rangle = \langle \zeta^2 \rangle = \cdots = \langle \zeta^{p-1} \rangle = G_p$.

第三部分
数域、扩域与代数扩域的一些基本理论

在这一部分中,我们引入了数域的概念,讨论了子域与扩域,代数添加,以及代数添加时的扩域结构等.

第五章

数域的概念

§5.1 数域的定义

在 §1.6 中,我们对复数系 **C** 总结了它的"+"和"×"运算所满足的性质和法则,下面为了我们理论的展开,我们还用到 **Q**、**R**,以及其他的一些数系,为此我们给出:

定义 5.1.1 复数系 **C** 的一个非空子集合 F 称为一个数域,或简称为域,如果它至少有两个元素,且具有下列性质:

(1) 若 $a, b \in F$,则 $a + b \in F$,$a \cdot b \in F$;(F 对"+"与"×"运算的封闭性)

(2) 若 $a \in F$,则 $-a \in F$,且当 $a \neq 0$ 时,$a^{-1} \in F$.(F 包含 F 中任意数的负元与任意非 0 数的逆元)

例 5.1.1 由 §1.6 可知复数系 **C** 是域,称为复数域.

例 5.1.2 不难验证 **Q** 和 **R** 都是域,它们分别称为有理数域与实数域.

例 5.1.3 数系

$$\mathbf{Q}(\sqrt{2}) = \{a + b\sqrt{2} \mid a, b \in \mathbf{Q}\} \tag{5.1}$$

是域,这是因为对任意 $a_i + b_i\sqrt{2} \in \mathbf{Q}(\sqrt{2})$,$i = 1, 2$,有

$$(a_1 + b_1\sqrt{2}) + (a_2 + b_2\sqrt{2}) = (a_1 + a_2) + (b_1 + b_2)\sqrt{2} \in \mathbf{Q}(\sqrt{2}),$$
$$(a_1 + b_1\sqrt{2})(a_2 + b_2\sqrt{2}) = (a_1a_2 + 2b_1b_2) + (a_1b_2 + a_2b_1)\sqrt{2} \in \mathbf{Q}(\sqrt{2}).$$

并且对任意 $a + b\sqrt{2} \in \mathbf{Q}(\sqrt{2})$,有 $-(a + b\sqrt{2}) = -a - b\sqrt{2} \in \mathbf{Q}(\sqrt{2})$,以及对 $b \neq 0$(这时才需要考虑分母有理化)的任意 $a + b\sqrt{2} \in \mathbf{Q}(\sqrt{2})$,有 $(a + b\sqrt{2})^{-1} = \dfrac{a - b\sqrt{2}}{a^2 - 2b^2} \in \mathbf{Q}(\sqrt{2})$,其中 $a^2 - 2b^2 \in \mathbf{Q}$,且 $a^2 - 2b^2 \neq 0$. 后者是因

为：若 $a^2-2b^2=0$，则有 $\left|\dfrac{a}{b}\right|=\sqrt{2}$，这与 $\sqrt{2}$ 是无理数矛盾了. 我们把 $\mathbf{Q}(\sqrt{2})$ 称为 $\mathbf{Q}$ 添加了 $\sqrt{2}$ 而扩张成的扩域(参见例 6.2.2).

例 5.1.4　设 F 是一个数域，求证：$0,1\in F$.

因为域 F 至少有 2 个元素，因此设 $a\in F$，$a\neq 0$，于是由于 $-a$，$a^{-1}\in F$，所以从 $a+(-a)=0$，且 $a\cdot a^{-1}=1$ 可知，$0,1\in F$.

我们前面讨论过的自然数系 $\mathbf{N}$ 不是域，这是因为例如，$2\in\mathbf{N}$，而 $-2\notin\mathbf{N}$；整数系 $\mathbf{Z}$ 也不是域，这是因为例如，$2\in\mathbf{Z}$，而 $\dfrac{1}{2}\notin\mathbf{Z}$.

今后我们把正整数系 $\mathbf{N}^*$，自然数系 $\mathbf{N}$，整数系 $\mathbf{Z}$，以及任意域统称为数系，用记号 S 表示.

§5.2　子域和扩域

定义 5.2.1　如果域 F 的每一个元素都是域 E 的一个元素，那么称域 F 为域 E 的一个子域，而域 E 称为域 F 的一个扩域. 若 $F\neq E$，则称 F 是 E 的一个真子域，而 E 是 F 的一个真扩域，记为 $E\supset F$.

显然有 $\mathbf{C}\supset\mathbf{R}\supset\mathbf{Q}(\sqrt{2})\supset\mathbf{Q}$. 对于任意域 F，由例 5.1.4 可知 $1\in F$，因此 $1+1=2\in F$，$1+2=3\in F$，$\cdots$，且 $\dfrac{1}{2}$，$\dfrac{1}{3}$，$\cdots\in F$. 由此可推知 $F\supset\mathbf{Q}$，即 $\mathbf{Q}$ 是任意域的子域. 所以 $\mathbf{C}$ 是最大的(数)域，而 $\mathbf{Q}$ 是最小的(数)域.

第六章

代数添加和扩域

§6.1 添加与扩域

设数 $\alpha \notin$ 域 F，我们现在要把 α 添加到域 F 中去，形成 F 的扩域 $F(\alpha)$. 我们把 $F(\alpha)$ 定义为由以 F 中的元以及 α 作为"材料"，用"+"、"−"、"×"、"÷"运算构成的种种可能的元素组成的集合，也即 $F(\alpha)$ 中的一般元素应具有

$$\dfrac{\sum\limits_{i=0}^{l} a_i \alpha^i}{\sum\limits_{j=0}^{m} b_j \alpha^j}$$ 这种形式，其中 $a_i, b_j \in F$, $i = 0, 1, 2, \cdots, l$, $j = 0, 1, 2, \cdots, m$,

而 $l, m \in \mathbf{N}$, 且 $\sum\limits_{j=0}^{m} b_j \alpha^j \neq 0$, 于是

$$F(\alpha) = \left\{ \dfrac{\sum\limits_{i=0}^{l} a_i \alpha^i}{\sum\limits_{j=0}^{m} b_j \alpha^j} \,\middle|\, a_i, b_j \in F, i = 0, 1, 2, \cdots, l; j \right.$$

$$\left. = 0, 1, 2, \cdots, m, l, m \in \mathbf{N} \text{ 且 } \sum\limits_{j=0}^{m} b_j \alpha^j \neq 0 \right\}. \tag{6.1}$$

不难证明，这样得出的 $F(\alpha)$ 满足定义 5.1.1 的两个条件，因此 $F(\alpha)$ 是域，因而是 F 的扩域，称为由 F 通过添加 α 而构成的扩域.

例 6.1.1 若 $F = \mathbf{R}$, $\alpha = \mathrm{i} = \sqrt{-1}$, 则有

$$\mathbf{R}(i) = \left\{ \frac{\sum\limits_{i=0}^{l} a_i(i)^i}{\sum\limits_{j=0}^{m} b_j(i)^j} \,\middle|\, a_i,\ b_j \in F,\ i = 0,\ 1,\ 2,\ \cdots,\ l;\ j \right.$$

$$\left. = 0,\ 1,\ 2,\ \cdots,\ m,\ l,\ m \in \mathbf{N}\ \text{且} \sum\limits_{j=0}^{m} b_j(i)^j \neq 0 \right\}. \tag{6.2}$$

§6.2　代数添加时的扩域结构

我们来讨论一下一类重要的添加——代数添加,即此时 α 不仅是一个数,它还是 $n(\neq 0)$ 次多项式方程

$$x^n + a_{n-1}x^{n-1} + \cdots + a_1 x + a_0 = 0,\ a_i \in F,\ i = 0,\ 1,\ 2,\ \cdots,\ n-1 \tag{6.3}$$

的一个根(参见 §10.3). 因为

$$\alpha^n + a_{n-1}\alpha^{n-1} + \cdots + a_1\alpha + a_0 = 0, \tag{6.4}$$

因此有

$$\alpha^n = -(a_{n-1}\alpha^{n-1} + \cdots + a_1\alpha + a_0), \tag{6.5}$$

即 α^n 可用 α^{n-1}, $\cdots$, α^2, α 表出,由此 α^{n+1}, α^{n+2}, $\cdots$ 也可用 α^{n-1}, $\cdots$, α^2, α 表出,于是(6.1)中的 l 和 m 都小于 n,即

$$F(\alpha) = \left\{ \frac{\sum\limits_{i=0}^{n-1} a_i\alpha^i}{\sum\limits_{j=0}^{n-1} b_j\alpha^j} \,\middle|\, a_i,\ b_j \in F,\ i,\ j = 0,\ 1,\ 2,\cdots,\ n-1,\ \text{且} \sum\limits_{j=0}^{n-1} b_j\alpha^j \neq 0 \right\}. \tag{6.6}$$

多项式方程(6.3)中的系数 $a_i \in F$, $i = 0,\ 1,\ 2,\ \cdots,\ n-1$. 据此,我们把它称为 F 上的一个 n 次多项式方程(参见 §7.1 和 §10.3). 如果存在这样的一个方程 $f(x) = 0$,而有 $f(\alpha) = 0$,我们称 α 是域 F 上的一个代数元,而 $F(\alpha)$ 称为 F 的一个单代数扩张.

例 6.2.1　例 6.1.1 中的 i 是 $x^2 + 1 = 0$ 的一个根,因此是 $\mathbf{R}$ 上的一个代

数元. 因此按照 (6.6), 有

$$\mathbf{R}(\mathrm{i}) = \left\{ \frac{a+b\mathrm{i}}{c+d\mathrm{i}} \mid a, b, c, d \in \mathbf{R}, c+d\mathrm{i} \neq 0 \right\}. \tag{6.7}$$

利用"分母实数化", 有 $\dfrac{a+b\mathrm{i}}{c+d\mathrm{i}} = \dfrac{(a+b\mathrm{i}) \cdot (c-d\mathrm{i})}{c^2+d^2}$, 因此

$$\mathbf{R}(\mathrm{i}) = \{a+b\mathrm{i} \mid a, b \in \mathbf{R}\} = \mathbf{C}. \tag{6.8}$$

即 $\mathbf{R}(\mathrm{i})$ 是复数域 $\mathbf{C}$.

例 6.2.2 对于 $F = \mathbf{Q}$, $\alpha = \sqrt{2}$. 由于 $\sqrt{2}$ 是 $x^2 - 2 = 0$ 的一个根, 从而有

$$\mathbf{Q}(\sqrt{2}) = \left\{ \frac{a+b\sqrt{2}}{c+d\sqrt{2}} \mid a, b, c, d \in \mathbf{Q}, c+d\sqrt{2} \neq 0 \right\}. \tag{6.9}$$

利用"分母有理化", 有 $\dfrac{a+b\sqrt{2}}{c+d\sqrt{2}} = \dfrac{(a+b\sqrt{2}) \cdot (c-d\sqrt{2})}{c^2-2d^2}$. 因此

$$\mathbf{Q}(\sqrt{2}) = \{a+b\sqrt{2} \mid a, b \in \mathbf{Q}\}. \tag{6.10}$$

$\mathbf{Q}(\sqrt{2})$ 是域已由例 5.1.3 给出.

例 6.2.3 显然 $x^n - 1 = 0$ 是 $\mathbf{Q}$ 上的方程, 它有根 $1, \zeta, \zeta^2, \cdots, \zeta^{n-1}$ (参见 §1.4). 在 $n = 2$ 时, $\zeta = -1$, 因此 $\zeta \in \mathbf{Q}$, 所以 $\mathbf{Q}(-1) = \mathbf{Q}$. 当 $n > 2$ 时, $\zeta \notin \mathbf{Q}$ (参见例 1.4.4), 此时有真扩域 $\mathbf{Q}(\zeta)$. 当 n 为大于 2 的素数 p 时, 由例 4.3.3 可知 $\mathbf{Q}(\zeta) = \mathbf{Q}(\zeta^2) = \cdots = \mathbf{Q}(\zeta^{p-1})$.

在例 6.2.1 中我们用到了"分母实数化", 例 6.2.2 中用到了"分母有理化", 使我们分别把"分式" $\dfrac{1}{c+d\mathrm{i}}$ 和 $\dfrac{1}{c+d\sqrt{2}}$ 变成了"整式" $\dfrac{c-d\mathrm{i}}{c^2+d^2}$ 和 $\dfrac{c-d\sqrt{2}}{c^2-2d^2}$, 那么对于一般的情况, 是否能将 (6.6) 中的"分式" $\dfrac{1}{\sum\limits_{j=0}^{n-1} b_j \alpha^j}$ 变为"整式"呢? 这个问题我们将在 §14.1 和 §14.2 中讨论.

§6.3 添加 2 个代数元的情况

对于域 F 上的代数元 $\alpha \notin F$, 我们在上节中构造了 F 的真扩域 $F(\alpha)$. 如

果 β 是 $F(\alpha)$ 上的代数元,那么我们在 $F(\alpha)$ 的基础上可构造 $F(\alpha)$ 的扩域 $F(\alpha)(\beta)$,记为 $F(\alpha,\beta)$.

例 6.3.1　对于 $c\in F$,考虑添加纯方程 $x^n-c=0$,$n\in \mathbf{N}^*$ 的根 λ 构成的代数扩域 $F(\lambda)$.若 $\lambda\in F$,则 $F(\lambda)=F$;若 $\lambda\notin F$,则有真扩域 $F(\lambda)$.如果 $\bar{c}\in F$,那么纯方程 $x^n-\bar{c}=0$ 也是 F 上的方程,因此它的解 $\bar{\lambda}$ 也是 F 上的一个代数元.它当然也是 $F(\lambda)$ 上的代数元,因此有扩域 $F(\lambda,\bar{\lambda})$.

同理,对域 $F(\alpha,\beta)$ 再可以添加 $F(\alpha,\beta)$ 上的代数元 γ,从而有 $F(\alpha,\beta,\gamma)$,以此类推有 $F(\alpha,\beta,\gamma,\delta,\cdots)$.

例 6.3.2　设 $f(x)=0$ 是 F 上的一个 n 次多项式方程,则 $f(x)$ 的 n 个根 $\alpha_1,\alpha_2,\cdots,\alpha_n$ 都是 F 上的代数元.我们用 α_1 先构成 F 的扩域 $F(\alpha_1)$,然后根据 $f(x)=0$ 是 F 上的一个 n 次方程,它当然是 $F(\alpha_1)$ 上的一个 n 次方程,于是 α_2 是 F 上的代数元,它当然也是 $F(\alpha_1)$ 上的代数元,从而可构成 $F(\alpha_1,\alpha_2)$,由此类推,我们有 $F(\alpha_1,\alpha_2,\alpha_3)$,$\cdots$,$F(\alpha_1,\alpha_2,\cdots,\alpha_n)$.

有了数系(参见§5.1)的概念,我们进而就可以讨论数系上的多项式理论了.

第四部分
多项式的一些基本概念、定理与理论

　　在这一部分中,我们详细地讨论多项式理论,其中包括多项式可约与不可约的概念,高斯引理以及 **Q** 上多项式的艾森斯坦不可约判据;多项式的整除理论,其中包括整除性、可除定理,以及剩余定理;多项式的最大公因式、欧几里得算法、贝祖等式,以及多项式的唯一因式分解定理;多项式的导数和多项式的根;实系数多项式实根数的斯图姆定理,以及多元多项式理论,其中包括有重要应用的对称多项式基本定理.

第七章

可约和不可约多项式

§7.1 数系上的多项式

定义 7.1.1 设有数系 S,则一元函数

$$f(x) = \sum_{i=0}^{n} a_i x^i, \tag{7.1}$$

其中 $a_i \in S$, $i = 0, 1, 2, \cdots, n$, $a_n \neq 0$, $n \in \mathbf{N}^*$, 称为 S 上的一个 n 次一元多项式.

若 $n = 0$, 而 $a_0 \neq 0$, 则 $f(x) = a_0$ 是 0 次的, 即 S 中的非零元是 0 次多项式; 若所有的 a_i 都为 0, 即 $f(x)$ 是 S 中的 0 元, 则称此时的 $f(x)$ 是零多项式, 且我们不定义它的次数.

$f(x)$ 的次数用 $\deg f$ 表示, 而 S 上的多项式全体, 我们用 $S[x]$ 表示.

对于 $f(x), g(x) \in S[x]$, 若

$$f(x) = \sum_{i=0}^{n} a_i x^i, \ g(x) = \sum_{j=0}^{m} b_j x^j, \ a_n \neq 0, \ b_m \neq 0, \tag{7.2}$$

我们就可以如下定义多项式的相等、多项式的加法和减法, 以及多项式的乘法.

(i) 当 $m = n$, 且 $a_1 = b_1$, $a_2 = b_2$, $\cdots$, $a_n = b_n$, 我们称 $f(x)$ 与 $g(x)$ 相等, 记

$$f(x) = g(x). \tag{7.3}$$

(ii) 我们按

$$f(x)g(x) = \sum_{i=0}^{m+n} c_i x^i, \tag{7.4}$$

其中　　　　　$c_i = a_i b_0 + a_{i-1} b_1 + \cdots + a_1 b_{i-1} + a_0 b_i,$

$i = 0, 1, \cdots, n+m,$

定义 $f(x)$ 与 $g(x)$ 的乘法.

(iii) 如果 $n = m$, 此时 $g(x) = \sum_{j=0}^{n} b_j x^j$, 定义 $f(x) \pm g(x) = \sum_{i=0}^{n} (a_i \pm b_i) x^i$; 如果 $n \neq m$, 不失一般性, 设 $n > m$, 此时定义 $b_{m+1} = \cdots = b_{n-1} = b_n = 0$, 也有 $g(x) = \sum_{j=0}^{n} b_j x^j$, 于是定义

$$f(x) \pm g(x) = \sum_{i=0}^{n} (a_i \pm b_i) x^i. \tag{7.5}$$

显然, $\deg(f(x)g(x)) = \deg f(x) + \deg g(x)$, 以及 $\deg f(x) \pm \deg g(x)$ 小于等于 $\deg f(x)$ 与 $\deg g(x)$ 中最大的一个.

下面我们主要讨论 $\mathbf{N}^*[x]$、$\mathbf{Z}[x]$、$\mathbf{Q}[x]$、$\mathbf{R}[x]$、$\mathbf{C}[x]$, 以及其他一些数域上的多项式.

§7.2　多项式的可约和不可约

对于 $p(x) \in S[x]$, 我们按照它是否能分解成 $S[x]$ 中低次的多项式的乘积来划分 $p(x)$ 是可约的还是不可约的. 严格地说, 有

定义 7.2.1　对于 $p(x) \in S[x]$, $\deg p \geqslant 1$, 如果不存在分别满足 $\deg p > \deg f$, $\deg g \geqslant 1$ 的 $f(x)$, $g(x) \in S[x]$, 使得 $p(x) = f(x)g(x)$(参见 §8.1), 那么我们称 $p(x)$ 在 $S[x]$ 中(或 S 上)是不可约的, 否则是可约的.

定义 7.2.2　多项式 $p(x) \in S[x]$, $\deg p \geqslant 1$, 给出的多项式方程 $p(x) = 0$ 在 $S[x]$ 中(或 S 上)是不可约的, 当且仅当 $p(x)$ 在 $S[x]$ 中(或 S 上)是不可约的, 否则是可约的.

当然多项式是否可约与所考虑的数系有关, 因此多项式的(因式)分解也与所考虑的数系有关.

例 7.2.1　多项式 $f(x) = x^2 + 1$ 在 $\mathbf{R}$ 上是不可约的, 而在 $\mathbf{C}$ 中因为 $f(x) = x^2 + 1 = (x+\mathrm{i})(x-\mathrm{i})$ 就是可约的.

例 7.2.2　多项式 $f(x) = x^4 - x^2 - 2$ 在 $\mathbf{Z}$ 和 $\mathbf{Q}$ 上可分解为 $f(x) = (x^2 - 2)(x^2 + 1)$; 在 $\mathbf{R}$ 上可分解为 $f(x) = (x - \sqrt{2})(x + \sqrt{2})(x^2 + 1)$; 在 $\mathbf{C}$

上可分解为 $f(x) = (x - \sqrt{2})(x + \sqrt{2})(x - i)(x + i)$.

下面我们将看到可约多项式和不可约多项式在多项式理论中的作用就如同合数和素数在整数理论中的作用.

§7.3　Z 上和 Q 上的多项式的可约性问题

设 $f(x) \in \mathbf{Z}[x]$, 如果它在 Z 上是可约的, 那么, 由于 $\mathbf{Z}[x] \subset \mathbf{Q}[x]$, 可知 $f(x)$ 在 Q 上也一定是可约的. 反过来的问题是: 如果 $f(x)$ 在 Q 上是可约的, 那么它在 Z 上是否也是可约的?

高斯在名著《算术研究》的第 42 款中讨论了这个问题. 他的结论是: 如果 $f(x)$ 在 Q 上可约, 那么它在 Z 上也一定是可约的. 这就是著名的高斯引理. 这一引理的逆否命题就是: 如果 $f(x)$ 在 Z 上不可约, 那么它在 Q 上也不可约.

§7.4　高斯引理

定理 7.4.1(高斯引理)　设 $f(x) \in \mathbf{Z}[x]$ 在 Z 上是不可约的, 若把 $f(x)$ 看成 Q 上的多项式(即 $f(x) \in \mathbf{Q}[x]$), 则 $f(x)$ 在 Q 上也是不可约的.

下面我们用反证法来证明这一命题. 为此假定 $f(x)$ 在 Q 上是可约的, 即

$$f(x) = g(x)h(x), \quad g(x), h(x) \in \mathbf{Q}[x]. \tag{7.6}$$

设 $g(x)$ 和 $h(x)$ 中各系数的分母的乘积为 n, 则有

$$nf(x) = ng(x)h(x) = g'(x)h'(x), \quad g'(x), h'(x) \in \mathbf{Z}[x], \tag{7.7}$$

其中

$$g'(x) = g_l x^l + \cdots + g_1 x + g_0, \; g_i \in \mathbf{Z}, \; i = 0, 1, 2, \cdots, l,$$
$$h'(x) = h_m x^m + \cdots + h_1 x + h_0, \; h_j \in \mathbf{Z}, \; j = 0, 1, 2, \cdots, m.$$
$$\tag{7.8}$$

由定理 3.2.1, 对 n 作因子分解, 有 $n = p \cdot n_1$, 其中 p 是 n 的一个素因子. 由此, 我们将从 (7.7) 中的两边都消去 p, 这样得出的右边两个新多项式仍在 $\mathbf{Z}[x]$ 中.

为此我们来分析一下这个 p. 对于这个 p, 我们有如下结论: p 能整除

$g'(x)$ 的所有系数,即 $p \mid g_i$,$i = 0, 1, 2, \cdots, l$,要不然就有 p 能整除 $h'(x)$ 的所有系数,即 $p \mid h_j$,$j = 0, 1, 2, \cdots, m$. 否则,则分别存在最小值 s 和 t,满足 $p \nmid g_s$,$p \nmid h_t$. 现在考虑 $g'(x)h'(x)$ 中项 x^{s+t} 的系数

$$g_{s+t}h_0 + g_{s+t-1}h_1 + \cdots + g_s h_t + \cdots + g_0 h_{s+t}. \tag{7.9}$$

从 s、t 的最小值性,可知 $p \mid g_u$,$u = 0, 1, \cdots, s-1$,$p \mid h_v$,$v = 0, 1, 2, \cdots, t-1$,于是在(7.9)中除了 $g_s h_t$ 这一系数外,其他系数都能被 p 整除. 然而

$$pn_1 f(x) = g'(x)h'(x), \tag{7.10}$$

其中 $g'(x), h'(x) \in \mathbf{Z}[x]$. 因此 p 是(7.9)的一个因子,于是有 $p \mid g_s h_t$. 与我们已假设 $p \nmid g_s$,$p \nmid h_t$,矛盾了(参见推论 3.3.3).

于是不失一般性,我们可以假定 $p \mid g_i$,$i = 0, 1, 2, \cdots, l$. 由 $g'(x) = p \cdot g''(x)$ 来定义 $g''(x)$,显然 $g''(x) \in \mathbf{Z}[x]$. 由 $pn_1 f(x) = pg''(x) \cdot h'(x)$ 可以推出

$$n_1 f(x) = g''(x) \cdot h'(x), \quad g''(x), h'(x) \in \mathbf{Z}[x]. \tag{7.11}$$

这样,我们就从(7.7)的左右两边消去了 n 的一个素因子,但又保证右边得到的两个多项式仍保持在 $\mathbf{Z}[x]$ 之中,以此类推,我们就能消去 n 的所有素因子(参见定理 3.3.1),而最后得到

$$f(x) = \bar{g}(x)\bar{h}(x), \quad \bar{g}(x), \bar{h}(x) \in \mathbf{Z}[x]. \tag{7.12}$$

不过,这与 $f(x)$ 在 $\mathbf{Z}$ 上是不可约的相矛盾. 因此我们(7.6)的假定是不正确的,即 $f(x)$ 在 $\mathbf{Q}$ 上也是不可约的.

例 7.4.1　$f(x) = 6x^4 - x^3 - 8x^2 + 32x - 120$ 在 $\mathbf{Q}$ 上可约. 事实上 $6x^4 - x^3 - 8x^2 + 32x - 120 = (2x^2 - \dfrac{4}{3}x + 8)(3x^2 + \dfrac{3}{2}x - 15)$,于是 $f(x) = \dfrac{2}{3}(3x^2 - 2x + 12) \cdot \dfrac{3}{2}(2x^2 + x - 10) = (3x^2 - 2x + 12)(2x^2 + x - 10)$,即 $f(x)$ 在 $\mathbf{Z}$ 上也可约.

§7.5　艾森斯坦不可约判据

高斯引理把 $\mathbf{Z}$ 上的可约性问题与 $\mathbf{Q}$ 上的可约性问题密切地联系起来,利用这一种联系,我们还能证明:

定理 7.5.1(艾森斯坦不可约判据) 设 $f(x) = a_n x^n + \cdots + a_1 x + a_0 \in$ $\mathbf{Z}[x]$，当存在素数 p，使得满足

(1) $p \mid a_i$, $i = 0, 1, 2, \cdots, n-1$；(2) $p \nmid a_n$；(3) $p^2 \nmid a_0$；

则 $f(x)$ 在 $\mathbf{Q}$ 上是不可约的.

根据高斯引理，我们只要证明在定理的条件下，$f(x)$ 在 $\mathbf{Z}$ 上是不可约即可. 为此我们应用反证法，即假定 $f(x)$ 在 $\mathbf{Z}$ 上是可约的，即 $f(x) = g(x)h(x)$，$g(x)$，$h(x) \in \mathbf{Z}[x]$，且 $1 \leqslant \deg g(x)$，$\deg h(x) < \deg f(x) = n$，其中

$$g(x) = g_l x^l + \cdots + g_1 x + g_0, l < n,$$
$$h(x) = h_m x^m + \cdots + h_1 x + h_0, m < n. \tag{7.13}$$

由 $f(x) = g(x)h(x)$，有 $l+m = n$，$a_0 = g_0 h_0$（参见 §7.1），以及 $a_n = g_l h_m$.

根据定理中的条件(1)有 $p \mid a_0$，于是有 $p \mid g_0$ 或 $p \mid h_0$（参见推论3.3.3），不过这两点不能同时成立. 否则的话就有 $p^2 \mid g_0 h_0$，这就与条件(3)矛盾了. 不失一般性，我们可假定，$p \mid g_0$，$p \nmid h_0$.

如果 p 可整除所有的系数 g_j，$j = 0, 1, 2, \cdots, l$，那么由于 $a_n = g_l h_m$，可知 $p \mid a_n$，这与条件(2)矛盾. 所以 p 不可能整除所有的 g_j，$j = 0, 1, 2, \cdots$，l，设 g_s 是其中第一个不能被 p 整除的，对于这一指标 s，对于 $f(x)$ 中的 a_s 有

$$a_s = g_s h_0 + g_{s-1} h_1 + \cdots + g_0 h_s, s < n. \tag{7.14}$$

由条件(1)，可得(7.14)的左方 $p \mid a_s$，而(7.14)的右方有 $p \mid g_{s-1}$，$\cdots$，$p \mid g_0$. 因此必然有 $p \mid g_s h_0$，然而 $p \nmid g_s$，所以 $p \mid h_0$. 这就矛盾了. 这就证明了 $f(x)$ 在 $\mathbf{Q}$ 上是不可约的.

这一定理最早出现在高斯的学生艾森斯坦（Ferdinand Gotthold Max Eisenstein，1823—1852）在 1850 年发表在《纯数学和应用数学杂志》第 39 卷的一篇论文之中. 文献中有时会错误地标以德国数学家舍利曼（Theodor Schoenemann，1812—1868）的名字.

我们在这里强调一下，根据我们的证明，艾森斯坦不可约判据是 $\mathbf{Z}$ 上的一个多项式在 $\mathbf{Q}$ 上不可约的一个充分条件.

例 7.5.1 $f(x) = 2x^5 + 15x^4 + 9x^3 + 3$ 在 $\mathbf{Q}$ 上是不可约的，这是因为存在 $p = 3$，能满足上述定理的要求.

例 7.5.2 $f(x) = 2x^5 - 10x + 5$ 在 $\mathbf{Q}$ 上是不可约的，这是因为存在 $p =$

5,能满足上述定理的要求.

例 7.5.3 $f(x) = x^5 - p^2 x + p$,其中 p 是任意素数,在 **Q** 上是不可约的,这是 p 本身就能满足上述定理的要求.

例 7.5.4   当 p 是素数时,$f(x) = x^{p-1} + x^{p-2} + \cdots + x + 1$ 在 **Q** 上是不可约的,这是因为 $f(x)$ 在 **Q** 上的不可约性等价于 $f(x+1)$ 在 **Q** 上的不可约性. 于是由 $x^p - 1 = (x-1)(x^{p-1} + x^{p-2} + \cdots + x + 1)$,有 $f(x) = \dfrac{x^p - 1}{x - 1}$,从而

$$f(x+1) = \frac{(x+1)^p - 1}{(x+1) - 1} = \frac{x^p + px^{p-1} + \cdots + px}{x}$$
$$= x^{p-1} + px^{p-2} + \cdots + p, \tag{7.15}$$

其中 $(x+1)^p$ 展开时用到了牛顿二项式公式. 从 (7.15) 可知,$f(x+1)$ 在 **Q** 上是不可约的,从而 $x^{p-1} + x^{p-2} + \cdots + x + 1$ 在 **Q** 上也不可约.

第八章

多项式的整除理论

§8.1 多项式的整除性

定义 8.1.1 对于 $f(x)$, $g(x) \in S[x]$, 若存在 $h(x) \in S[x]$, 使得 $f(x) = g(x)h(x)$, 则称 $g(x)$ 整除 $f(x)$, 或 $f(x)$ 被 $g(x)$ 整除. 此时 $g(x)$ 是 $f(x)$ 的一个因式, 记作 $g(x) \mid f(x)$.

例 8.1.1 域 F 上的任何多项式都能被任意 0 次多项式整除(参见 §7.1), 即能被数域 F 中不为 0 的数整除.

例 8.1.2 对任意 $c \in F$, $c \neq 0$, 由 $f(x) = c^{-1} \cdot [cf(x)]$, 有 $cf(x) \mid f(x)$.

例 8.1.3 若 $f(x) \mid g(x)$, 且 $g(x) \mid f(x)$, 则 $f(x) = cg(x)$, $c \in S$, $c \neq 0$.

§8.2 多项式的可除定理

类似于正整数的可除定理 3.1.1, 对于多项式, 我们有

定理 8.2.1(多项式的可除定理) 设 F 是域, 且 $f(x)$, $g(x) \in F[x]$, $g(x) \neq 0$, 于是存在唯一的 $q(x)$, $r(x) \in F[x]$, 使得

$$f(x) = g(x)q(x) + r(x),$$

其中 $\qquad r(x) = 0$, 或 $\deg r(x) < \deg g(x)$. $\qquad\qquad$ (8.1)

多项式 $f(x)$ 和 $g(x)$ 分别称为被除式和除式, $q(x)$ 和 $r(x)$ 分别称为 $f(x)$ 除以 $g(x)$ 得出的商式和余式.

我们先证明定理中的存在性. 为此设 $f(x) = \sum\limits_{i=0}^{n} a_i x^i$, 和 $g(x) =$

$$\sum_{j=0}^{m} b_j x^j.$$

若 $f(x) = 0$，则取 $q(x) = 0$，$r(x) = 0$，定理得证. 故我们讨论 $f(x) \neq 0$，且 $a_n \neq 0$ 的情况，此时 $\deg f(x) = n$.

若 $n < m$，我们取 $q(x) = 0$，且 $r(x) = f(x)$，即有 $f(x) = g(x) \cdot 0 + f(x)$. 因此只要讨论 $n \geqslant m$ 的情况. 对此我们对 n 应用归纳法.

若 $n = 0$，此时有 $f(x) = a_0$，且 $g(x) = b_0 \neq 0$. 因此，我们取 $q(x) = b_0^{-1} a_0$，$r(x) = 0$，有 $a_0 = b_0 \cdot b_0^{-1} a_0 + 0$.

由归纳法，假定定理中的存在性在 $\deg f(x) < n$ 时成立，此时设 $\bar{f}(x) = f(x) - a_n b_m^{-1} x^{n-m} g(x)$，不难得出 $\deg \bar{f}(x) < \deg f(x) = n$. 因此由归纳假设知存在 $q'(x)$ 和 $r'(x) \in F[x]$，有

$$\bar{f}(x) = g(x) q'(x) + r'(x), \tag{8.2}$$

其中 $r'(x) = 0$ 或 $\deg r'(x) < \deg g(x)$.
于是

$$f(x) = \bar{f}(x) + a_n b_m^{-1} x^{n-m} g(x) = g(x) [a_n b_m^{-1} x^{n-m} + q'(x)] + r'(x). \tag{8.3}$$

至此，我们取 $q(x) = a_n b_m^{-1} x^{n-m} + q'(x)$ 和 $r(x) = r'(x)$，即有(8.1).

为了证明 $q(x)$ 和 $r(x)$ 的唯一性，我们假定

$$f(x) = g(x) q(x) + r(x) = g(x) q'(x) + r'(x), \tag{8.4}$$

其中 $r'(x)$、$r(x)$ 或为 0 或次数小于 $\deg g(x)$. 注意(8.4)是一个关于 x 的恒等式，也即是对所有 x 的值成立的一个等式，而不是关于 x 的一个方程式. 从该式有

$$g(x) [q(x) - q'(x)] = r'(x) - r(x). \tag{8.5}$$

我们来分析(8.5)的左右两边. 若 $q(x) - q'(x) = 0$，则 $r'(x) = r(x)$，这说明(8.4)所示的两种结果其实就是同一种结果；若 $q(x) - q'(x) \neq 0$，则由 §7.1 可知(8.5)左边多项式的次数大于等于 $\deg g(x)$，而此时右边多项式的次数，由 $\deg r(x) < \deg g(x)$，$\deg r'(x) < \deg g(x)$，可知它的次数是 小于 $\deg g(x)$ 的. 这就矛盾了. 因此我们必须有 $q'(x) = q(x)$，$r'(x) = r(x)$，即(8.1)中的商式和余式是唯一的.

例 8.2.1　对 $f(x) = 2x^4 + x^2 - x + 1$, $g(x) = 2x - 1 \in \mathbf{Q}[x]$, 用"长除法"容易得出 $q(x) = x^3 + \frac{1}{2}x^2 + \frac{3}{4}x - \frac{1}{8}$, 且 $r(x) = \frac{7}{8}$.

§8.3　剩余定理

在定理 8.2.1 中, 若 $g(x) = x - c$, $c \in F$, 则 $r(x) = 0$ 或 $\deg r(x) = 0$, 且 $r(x) = f(c) \in F$, 这就是下面的剩余定理.

定理 8.3.1(剩余定理)　对于 $f(x) \in F[x]$, $c \in F$, 则存在 $q(x) \in F[x]$, 及 $r \in F$, 满足

$$f(x) = (x - c)q(x) + r, \tag{8.6}$$

且 $f(c) = r$.

例 8.3.1　对于 $f(x) = x^3 - 2x^2 + 2 \in \mathbf{Q}[x]$, $c = 3$, 有 $f(x) = (x - 3)(x^2 + x + 3) + 11$, 且 $f(3) = 11$.

例 8.3.2　若 $f(c) = 0$, 则有 $f(x) = (x - c)q(x)$, 即 $(x - c)$ 是 $f(x)$ 的一个因式. 反过来若 $(x - c)$ 是 $f(x)$ 的一个因式, 则 $f(c) = 0$. 此即"因式定理".

第九章

多项式的最大公因式

§9.1 公因式和最大公因式

定义 9.1.1 设 F 是域，$a(x)$，$b(x) \in F[x]$，若存在 $c(x) \in F[x]$，使得 $c(x) \mid a(x)$，$c(x) \mid b(x)$，则称 $c(x)$ 是 $a(x)$、$b(x)$ 的公因式；若 $a(x)$、$b(x)$ 的公因式 $d(x)$ 对 $a(x)$、$b(x)$ 的任意公因式 $c(x)$ 都有 $c(x) \mid d(x)$，则称 $d(x)$ 是 $a(x)$、$b(x)$ 的最大公因式.

例 9.1.1 对任意 $a(x)$，$b(x) \in F[x]$，总有 0 次多项式为其公因式. 再者，若 $c(x)$ 是它们的一个公因式，则 $k \cdot c(x)$，$k \in F$，$k \neq 0$，也是它们的一个公因式.

例 9.1.2 设 $d(x)$、$d'(x)$ 是 $a(x)$、$b(x)$ 的两个最大公因式，则 $d'(x) \mid d(x)$，$d(x) \mid d'(x)$，由例 8.1.3 可得 $d'(x) = cd(x)$，$c \in F$，$c \neq 0$. 因此，如果要求最大公因式的首项系数为 1，那么它就是唯一确定的.

正如我们在 §4.2 中，用欧几里得算法求得了两个正整数的最大公因子，同时也证明了它的存在. 我们也将用多项式的欧几里得算法来求两个多项式的最大公因式. 为此我们用 §8.2 所论述的多项式的可除定理来给出多项式的欧几里得算法.

§9.2 多项式的欧几里得算法

设 F 是域，$a(x)$，$b(x) \in F[x]$，且 $a(x)$、$b(x)$ 不同时为零. 我们先假定 $b(x) = 0$，因此 $a(x) \neq 0$，此时 $a(x)$ 本身是 $a(x)$、$b(x)$ 的最大公因式. 若 a_n 是 $a(x)$ 的首项系数（参见 §2.1），则 $a_n^{-1} \cdot a(x)$ 就是 $a(x)$、$b(x)$ 的首 1 的最大公因式.

其次，若 $b(x) \neq 0$，则由定理 8.2.1，有

$$a(x) = b(x)q_1(x) + r_1(x), \tag{9.1}$$

其中 $q_1(x), r_1(x) \in F[x]$，且 $r_1(x) = 0$，或 $\deg r_1(x) < \deg b(x)$. 若 $r_1(x) = 0$，则 $b(x) \mid a(x)$，于是 $a(x)$、$b(x)$ 的最大公因式 $d(x) = b(x)$；若 $r_1(x) \neq 0$，我们再一次由定理 8.2.1"辗转相除下去"，类似于(4.6)我们可以写出

$$
\begin{aligned}
a(x) &= b(x)q_1(x) + r_1(x), & \deg r_1(x) &< \deg b(x), \\
b(x) &= r_1(x)q_2(x) + r_2(x), & \deg r_2(x) &< \deg r_1(x), \\
r_1(x) &= r_2(x)q_3(x) + r_3(x), & \deg r_3(x) &< \deg r_2(x), \\
&\quad\vdots & &\quad\vdots \\
r_{k-2}(x) &= r_{k-1}(x)q_k(x) + r_k(x), & \deg r_k(x) &< \deg r_{k-1}(x), \\
r_{k-1}(x) &= r_k(x)q_{k+1}(x).
\end{aligned}
\tag{9.2}
$$

因为 $\deg r_1(x) > \deg r_2(x) > \deg r_3(x) > \cdots$，因此，我们最终会得到一个零多项式为余式. 设 $r_k(x)$ 为最后一个非零余式，那么类似于 §4.2 中的证明——r_k 是正整数 a、b 的最大公因子一样，这里的 $r_k(x)$ 就是 $a(x)$、$b(x)$ 的一个最大公因式. 若 $r_k(x)$ 的首项系数为 r，则 $r^{-1}r_k(x)$ 就是 $a(x)$、$b(x)$ 的首 1 的最大公因式. 这样，由例 9.1.2，我们证明了

定理 9.2.1 若 $a(x), b(x) \in F[x]$，且 $a(x)$、$b(x)$ 不同时为零多项式，则存在它们的最大公因式 $d(x)$，若要求 $d(x)$ 是首 1 多项式，则 $d(x)$ 是唯一的.

多项式的欧几里得算法，既给出了 $a(x)$、$b(x)$ 最大公因式的求法，又证明了它的存在，这也是一个"一石二鸟"的方法.

例 9.2.1 设 $a(x) = x^4 - x^3 - x^2 + 1$, $b(x) = x^3 - 1$，求 $a(x)$、$b(x)$ 的 $d(x)$（首 1 多项式）.

解 按欧几里得算法，我们列出：

$$
\begin{aligned}
x^4 - x^3 - x^2 + 1 &= (x^3 - 1)(x - 1) + (-x^2 + x), \\
x^3 - 1 &= (-x^2 + x)(-x - 1) + (x - 1), \\
-x^2 + x &= (x - 1)(-x),
\end{aligned}
$$

得出 $d(x) = x - 1$.

在实际求 $d(x)$ 时，有时为了避免出现分数系数，我们在进行除法的任意一步时，都可以以 $c \in F$，$c \neq 0$ 去乘被除式或除式. 这样做后当然会影响到商式，以及余式. 不过这样做后得到的余式与不这样做得到的余式只会相差一

个 0 次因式,所以这就不会影响到要求的最大公因式.

例 9.2.2 已知 $a(x) = x^4 - 2x^3 - 4x^2 + 4x - 3$, $b(x) = 2x^3 - 5x^2 - 4x + 3$, 求 $a(x)$、$b(x)$ 的 $d(x)$.

解　按欧几里得算法得

$$2 \times (x^4 - 2x^3 - 4x^2 + 4x - 3)$$

$$= (2x^3 - 5x^2 - 4x + 3)\left(x + \frac{1}{2}\right) + \left(-\frac{3}{2}x^2 + 7x - \frac{15}{2}\right),$$

$$3 \times (2x^3 - 5x^2 - 4x + 3)$$

$$= -2 \times \left(-\frac{3}{2}x^2 + 7x - \frac{15}{2}\right)\left(2x + \frac{13}{3}\right) + \left(\frac{56}{3}x - 56\right),$$

$$3x^2 - 14x + 15 = \frac{3}{56} \times \left(\frac{56}{3}x - 56\right)(3x - 5),$$

因此 $d(x) = \frac{3}{56} \times \left(\frac{56}{3}x - 56\right) = x - 3$.

例 9.2.3 已知 $a(x) = 2x^5 - 10x + 5$, $b(x) = 10x^4 - 10$, 求 $a(x)$、$b(x)$ 的 $d(x)$.

解　显然 $5 \times (2x^5 - 10x + 5) = (10x^4 - 10)x + (-40x + 25)$, 下面要考虑 $(10x^4 - 10) \div (-40x + 25)$ 的余式. 因为 $(-40x + 25)$ 是 1 次的, 故此时余式为一常数, 即有 $4 \times (10x^4 - 10) = (-40x + 25)g(x) + c$ (参见§8.2), 因此 $c = 40\left(\frac{5^4}{8^4} - 1\right)$ (参见§8.3), 且 $c \neq 0$, 所以 $d(x) = 1$.

§9.3　多项式的贝祖等式

在§4.3中, 我们用欧几里得算法, 把(4.6)"倒回过去", 导出了任意正整数 a、b, 与其最大公因子 $\gcd(a, b)$ 之间的贝祖等式(4.7). 类似地, 对多项式我们也能得到类似的等式.

例 9.3.1 对例 9.2.1 的 $a(x) = x^4 - x^3 - x^2 + 1$, $b(x) = x^3 - 1$, 以及 $d(x) = x - 1$, 有

$$x - 1 = (x^3 - 1) - (-x^2 + x)(-x - 1)$$

$$= (x^3 - 1) - [(x^4 - x^3 - x^2 + 1) - (x^3 - 1)(x - 1)](-x - 1)$$

$$= (x^4 - x^3 - x^2 + 1)(x + 1) + (x^3 - 1)[1 + (x - 1)(-x - 1)]$$

$$= (x^4 - x^3 - x^2 + 1)(x + 1) + (x^3 - 1)(-x^2 + 2).$$

于是令 $u(x)=(x+1)$，$v(x)=-x^2+2$，就有

$$d(x)=x-1=u(x)a(x)+v(x)b(x).$$

对于一般的情况，我们把(9.2)"倒回过去"计算，不难得出

定理 9.3.1(贝祖等式)　若 F 是域，$a(x)$，$b(x)\in F[x]$，且不同时为零多项式，$d(x)$ 是它们的一个最大公因式，则存在 $u(x)$，$v(x)\in F[x]$，满足

$$d(x)=u(x)a(x)+v(x)b(x). \qquad (9.3)$$

§9.4　多项式的互素

类似于正整数 a、b 互素的概念(参见定义 4.3.1)，我们有两个多项式互素的概念.

定义 9.4.1　设 $a(x)$，$b(x)\in F[x]$，若 $a(x)$、$b(x)$ 除 0 次多项式外(参见定义 7.1.1)，不再有其他的公因式，则称它们是互素的.

因此如果 $a(x)$、$b(x)$ 互素，那么可以取它们的最大公因式为 1，于是定理 9.3.1 就给出：

定理 9.4.1　如果 F 是域，且 $f(x)$，$g(x)\in F[x]$ 互素，那么就存在 $u(x)$，$v(x)\in F[x]$，使得

$$u(x)a(x)+v(x)b(x)=1. \qquad (9.4)$$

我们利用这一定理来证明与推论 3.3.3 十分相似的下列定理：

定理 9.4.2　如果 F 是域，且 $a(x)$，$b(x)$，$p(x)\in F[x]$，$p(x)$ 在 F 上是不可约的，且 $p(x)\mid a(x)b(x)$，那么 $p(x)\mid a(x)$，或 $p(x)\mid b(x)$.

这是因为如果 $p(x)\nmid a(x)$，即 $p(x)$ 不是 $a(x)$ 的一个因式. 考虑到 $p(x)$ 是不可约的，即它没有次数更低的因式，那么 $p(x)$ 和 $a(x)$ 就互素了. 于是它们的最大公因式为 1，即存在 $u(x)$，$v(x)\in F[x]$，使得

$$1=u(x)p(x)+v(x)a(x).$$

用 $b(x)$ 乘此式的两边，给出 $b(x)=u(x)p(x)b(x)+v(x)a(x)b(x)$.

因为 $p(x)\mid p(x)$，且 $p(x)\mid a(x)b(x)$，这就有 $p(x)\mid b(x)$. 定理证毕.

例 9.4.1　由例 9.2.3 可知 $a(x)=2x^5-10x+5$ 与 $b(x)=10x^4-10$ 互素.

§9.5　多项式的唯一因式分解定理

类似于定理 3.3.1 的证明,我们对 $f(x) \in F[x]$,也可在域 F 上不断地进行因式分解,而最终得出:

定理 9.5.1　设 F 是域,$f(x) \in F[x]$,$\deg f(x) \geqslant 1$,且 $f(x)$ 是首 1 的,那么 $f(x)$ 可唯一地表示为

$$f(x) = p_1^{v_1}(x) p_2^{v_2}(x) \cdots p_k^{v_k}(x), \tag{9.5}$$

其中 $p_i(x)$,$i = 1, 2, \cdots, k$,是首 1 的,在 F 上是不可约多项式,$v_i \in \mathbf{N}^*$,$i = 1, 2, \cdots, k$.

(9.5)称为首 1 的多项式 $f(x)$ 的**典型分解**,$p_i(x)$ 称为 $f(x)$ 的 ν_i **重因式**;当 $\nu_i = 1$ 时,则称 $p_i(x)$ 是 $f(x)$ 的**单因式**.

例 9.5.1　设 $f(x) = a p_1^{v_1}(x) \cdots p_r^{v_r}(x) q_{r+1}^{v_{r+1}}(x) \cdots q_s^{v_s}(x)$ 及 $g(x) = b p_1^{u_1}(x) \cdots p_r^{u_r}(x) \bar{q}_{r+1}^{u_{r+1}}(x) \cdots \bar{q}_t^{u_t}(x)$,满足 $\deg f(x) > 0$,$\deg g(x) > 0$,而且 $f(x)$ 和 $g(x)$ 有 r 个共同的不可约因式 $p_1(x), \cdots, p_r(x)$,而每一个 $q_i(x)$ 都不同于任一个 $\bar{q}_j(x)$,$i = r+1, \cdots, s$;$j = r+1, \cdots, t$,则 $f(x)$、$g(x)$ 的最大公因式 $d(x) = p_1^{m_1}(x) \cdots p_r^{m_r}(x)$,其中 m_k 是 v_k 和 u_k 中较小的数,$k = 1, 2, \cdots, r$.

$f(x)$ 的(9.5)典型分解给了我们一个判断多项式 $f(x)$ 是否有重因式(或重根)的方法,不过这要求我们先要对 $f(x)$ 作因式分解.一般来说,这是比较困难的.我们希望找到更简便的方法,这就是下一章中要研究的课题之一.

第十章

多项式的导数和多项式的根

§10.1 函数的变化率和导数

对于在直线上运动的粒子,在建立了直线上的坐标后,该粒子离原点 O 的位移 s 是时间 t 的函数,即有

$$s = s(t). \tag{10.1}$$

该粒子在 t 到 $t + \Delta t$ 这段时间间隔 Δt 中的位移 Δs 为

$$\Delta s = s(t + \Delta t) - s(t). \tag{10.2}$$

于是这段时间中,粒子的平均速率为

$$\bar{v} = \frac{\Delta s}{\Delta t} = \frac{s(t + \Delta t) - s(t)}{\Delta t}. \tag{10.3}$$

这样粒子在时刻 t 的速率,即 $s(t)$ 对 t 的变化率就是

$$v_t = \lim_{\Delta t \to 0} \frac{\Delta s}{\Delta t} = \lim_{\Delta t \to 0} \frac{s(t + \Delta t) - s(t)}{\Delta t}. \tag{10.4}$$

v_t 的表达式(10.4)称为 $s(t)$ 对 t 的导数,记为 $s'(t)$. 一般地,对于实数上的函数 $f(x)$,若 $\Delta x \to 0$ 时,$\dfrac{\Delta y}{\Delta x}$ 有极限,则可定义 $f(x)$ 在点 x 处的导数(或变化率)

$$f'(x) = \lim_{\Delta x \to 0} \frac{f(x + \Delta x) - f(x)}{\Delta x}. \tag{10.5}$$

例 10.1.1 设 $f(x) = g(x) + h(x)$,则

$$f'(x) = \lim_{\Delta x \to 0} \frac{g(x + \Delta x) + h(x + \Delta x) - g(x) - h(x)}{\Delta x}$$

$$= \lim_{\Delta x \to 0} \frac{g(x+\Delta x) - g(x) + h(x+\Delta x) - h(x)}{\Delta x}$$

$$= \lim_{\Delta x \to 0} \frac{g(x+\Delta x) - g(x)}{\Delta x} + \lim_{\Delta x \to 0} \frac{h(x+\Delta x) - h(x)}{\Delta x},$$

所以 $f'(x) = (g(x) + h(x))' = g'(x) + h'(x)$.

例 10.1.2   设 $f(x) = g(x)h(x)$, 则

$$f'(x) = \lim_{\Delta x \to 0} \frac{g(x+\Delta x)h(x+\Delta x) - g(x)h(x)}{\Delta x}$$

$$= \lim_{\Delta x \to 0} \frac{g(x+\Delta x)h(x+\Delta x) - g(x)h(x+\Delta x) + g(x)h(x+\Delta x) - g(x)h(x)}{\Delta x}$$

$$= \lim_{\Delta x \to 0} \frac{[g(x+\Delta x) - g(x)]h(x+\Delta x)}{\Delta x} + \lim_{\Delta x \to 0} \frac{g(x)[h(x+\Delta x) - h(x)]}{\Delta x},$$

所以, $f'(x) = (g(x)h(x))' = g'(x)h(x) + g(x)h'(x)$.

例 10.1.3   由例 10.1.2 知 $\left[f^2(x)\right]' = [f(x) \cdot f(x)]' = 2f'(x)f(x)$,

$$\left[f^3(x)\right]' = \left[f(x) \cdot f^2(x)\right]' = f'(x) \cdot f^2(x) + f(x)\left[f^2(x)\right]'$$

$$= f'(x)f^2(x) + 2f'(x)f^2(x) = 3f^2(x)f'(x), \cdots,$$

$$\left[f^n(x)\right]' = nf^{n-1}(x)f'(x), \ n \in \mathbf{N}^*.$$

例 10.1.4   由例 10.1.3 得, $c' = 0$, $c \in F$, $(x)' = 1$, $(x^2)' = 2x, \cdots,$
$(x^n)' = nx^{n-1}$.

例 10.1.5   由例 10.1.2 及 10.1.3 得, $[cf(x)]' = cf'(x)$, $c \in F$.

对于 $f(x) \in \mathbf{R}[x]$, 显然 $f(x)$ 是 $\mathbf{R}$ 上的可(以求)导(数)的函数, 因为若

$$f(x) = a_n x^n + a_{n-1} x^{n-1} + \cdots + a_1 x + a_0, \tag{10.6}$$

则从例 10.1.1、例 10.1.4 和例 10.1.5 有

$$f'(x) = na_n x^{n-1} + (n-1)a_{n-1}x^{n-2} + \cdots + a_1. \tag{10.7}$$

例 10.1.6   根据导数的定义 (10.5) 对于 $f(x)$ 和 $f'(x)$ 都连续的函数可知: 若 $f'(x_0) > 0$, 则 $f(x)$ 在 x_0 的一个邻域中是增函数; 若 $f'(x_0) < 0$, 则 $f(x)$ 在 x_0 的一个邻域中是减函数.

§ 10.2   形式导数

例如, $f(x) \in \mathbf{Q}[x]$, 因为 $\mathbf{Q}$ 在实数集上不是连续的 (参见 § 1.2), 那么上

述(10.5)的求导运算对 $f(x)$ 就无法定义了. 不过对于一般的域 F, 和 $f(x) \in$ $F[x]$, 我们仍可以由(10.6)的 $f(x)$ 直接定义(10.7)的 $f'(x)$, 而把此时的 $f'(x)$ 称为 $f(x)$ 的形式导数.

不难验证, 此时对 $g(x), h(x) \in F[x]$, 由例 10.1.1 和例 10.1.2 所示的性质

$$
\begin{aligned}
\bigl[g(x) + h(x)\bigr]' &= g'(x) + h'(x), \\
\bigl[g(x)h(x)\bigr]' &= g'(x)h(x) + g(x)h'(x),
\end{aligned}
\tag{10.8}
$$

仍然成立.

例 10.2.1　设 $f(x) \in F[x]$, 则 $\deg f'(x) = \deg f(x) - 1$.

例 10.2.2
$$
\begin{aligned}
\bigl[f(x)g(x)h(x)\bigr]' &= f'(x)g(x)h(x) + f(x)\bigl[g(x)h(x)\bigr]' \\
&= f'(x)g(x)h(x) + f(x)g'(x)h(x) \\
&\quad + f(x)g(x)h'(x).
\end{aligned}
$$

同理,
$$
\begin{aligned}
\bigl[f(x)g(x)\cdots j(x)k(x)\bigr]' &= f'(x)g(x)\cdots j(x)k(x) \\
&\quad + f(x)g'(x)\cdots j(x)k(x) + \cdots \\
&\quad + f(x)g(x)\cdots j'(x)k(x) \\
&\quad + f(x)g(x)\cdots j(x)k'(x).
\end{aligned}
$$

§10.3　多项式的根

定义 10.3.1　设 F 是域, 对于 $f(x) \in F[x]$, 若存在 $\alpha \in \mathbf{C}$, 使得 $f(\alpha) = 0$, 则称 α 是多项式 $f(x)$ 的一个根, 或多项式方程 $f(x) = 0$ 的一个根.

例 10.3.1　F 上的 0 次多项式 $a(a \in F, a \neq 0)$ 只有 0 个根, 即无根. F 上的零多项式 $0 \cdot x^n + 0 \cdot x^{n-1} + \cdots + 0 \cdot x + 0 = 0$ 是不定义次数的(参见 §7.1), 可以说它有无限个根, 因为任意 $c \in F$, 都满足这一方程.

设 F 是域, 且 $f(x) \in F[x]$, 如果我们把 $f(x)$ 看成是 $\mathbf{C}$ 上的多项式, 即 $f(x) \in \mathbf{C}[x]$, 那么根据 §8.3 中的例 8.3.2 可知, 若 $\alpha \in \mathbf{C}$ 是 $f(x)$ 的一个根, 那么 $(x - \alpha)$ 就是 $f(x)$ 的一个因式. 如果 $\deg f(x) = n$, 且 $f(x)$ 是首 1 的多项式, 那么由 §1.3 中所述的代数基本定理, 可知 $f(x)$ 有 n 个根, 记为 α_1, $\alpha_2, \cdots, \alpha_n$, 则进而有

$$f(x) = (x-\alpha_1)(x-\alpha_2)\cdots(x-\alpha_n). \tag{10.9}$$

注意：(9.5)是 $f(x)$ 在域 F 中的典型分解，而(10.9)是 $f(x)$ 在 **C** 中的分解，这时所有的不可约因式都是 1 次的.

在 $f(x)$ 的(10.9)因式分解中，若其中有些根是相同的，则可将(10.9)表示为

$$f(x) = (x-\alpha_1)^{k_1}(x-\alpha_2)^{k_2}\cdots(x-\alpha_s)^{k_s}. \tag{10.10}$$

这里 $\alpha_1, \alpha_2, \cdots, \alpha_s$ 是 $f(x)$ 的不同根，$k_1, k_2, \cdots, k_s \in \mathbf{N}^*$. 此时我们称 α_i 是 $f(x)$ 的 k_i 重根，$i=1,2,\cdots,s$，于是 $f(x)$ 有 k_i 重因式 $(x-\alpha_i)^{k_i}$ 就有 k_i 重根，反之亦然.

例 10.3.2 设 $F_1 = \mathbf{Q}$，$F_2 = F_1(\sqrt{2})$，$F_3 = F_2(\mathrm{i})$，由于 $\sqrt{2}$ 是 $x^2-2=0$ 的根，i 是 $x^2+1=0$ 的根，可知 F_2 是 **Q** 的单代数扩张，而 F_3 是 F_2 的单代数扩张. 还可以证明 F_3 也是 **Q** 的单代数扩张(参见[4]p66, p67). 对 $f(x) = x^6 - 3x^4 + 4$，则在 F_1、F_2、F_3 上分别有 $f(x) = (x^2-2)^2(x^2+1) = (x-\sqrt{2})^2(x+\sqrt{2})^2(x^2+1) = (x-\sqrt{2})^2(x+\sqrt{2})^2(x-\mathrm{i})(x+\mathrm{i})$. 所以，$f(x)$ 的 6 个根 $\sqrt{2}$、$\sqrt{2}$、$-\sqrt{2}$、$-\sqrt{2}$、i、$-$i 都不是有理数，其中 $\sqrt{2}$、$-\sqrt{2}$ 都是 2 重根，i 和 $-$i 是单根.

由本例也可以看出 $f(x)$ 分解为一次因式，或等价地求出 $f(x)$ 的各根是与扩域链 $F_1 = \mathbf{Q} \subset F_2 = \mathbf{Q}(\sqrt{2}) \subset F_3 = \mathbf{Q}(\sqrt{2}, \mathrm{i})$ 密切相关的(参见§16.1, §16.2).

§10.4 重根问题

若 $f(x) \in F[x]$ 没有重根，即(10.9)中的 $\alpha_1, \alpha_2, \cdots, \alpha_n$ 各不相同，则按(10.9)及例10.2.2，此时有

$$f'(x) = (x-\alpha_2)(x-\alpha_3)\cdots(x-\alpha_n) + (x-\alpha_1)(x-\alpha_3)\cdots(x-\alpha_n) + \cdots$$
$$+ (x-\alpha_1)(x-\alpha_2)\cdots(x-\alpha_{n-1}).$$

$$\tag{10.11}$$

于是 $f'(\alpha_1) = (\alpha_1-\alpha_2)(\alpha_1-\alpha_3)\cdots(\alpha_1-\alpha_n) \neq 0$，即 α_1 不是 $f'(x)$ 的根，也就是说 $f'(x)$ 无 $(x-\alpha_1)$ 这一因式，即 $(x-\alpha_1)\nmid f'(x)$. 同理，$(x-\alpha_2)\nmid f'(x)$，

$(x-\alpha_3) \nmid f'(x)$, $\cdots$, $(x-\alpha_n) \nmid f'(x)$. 于是 $f(x)$ 与 $f'(x)$ 互素.

反过来,若 $f(x)$ 与 $f'(x)$ 互素,下面我们用反证法来证明此时 $f(x)$ 无重根.

假设 α 是 $f(x)$ 的一个 l 重根,$l \geqslant 2$,于是在 $\mathbf{C}$ 中有 (10.10) 型的因式分解

$$f(x) = (x-\alpha)^l g(x). \tag{10.12}$$

不难求得 $f'(x) = (x-\alpha)^{l-1}[l \cdot g(x) + (x-\alpha) g'(x)]$,于是由 $l-1 \geqslant 1$,可知 α 也是 $f'(x)$ 的根,即 α 是 $f(x)$ 和 $f'(x)$ 的公共根. 而 $f(x)$ 和 $f'(x)$ 是互素的,故按定理 9.3.1 知,在 $F[x]$ 中存在 $u(x)$、$v(x)$,使得 $u(x) f(x) + v(x) f'(x) = 1$. 在此式中取 $x = \alpha$,就导出了 $0 = 1$ 这一矛盾.

综上所述,我们有:

定理 10.4.1 $f(x) \in F[x]$ 没有重根的充要条件是 $f(x)$ 与 $f'(x)$ 是互素的.

例 10.4.1 证明 $f(x) = 2x^5 - 10x + 5$ 无重根.

证明 此时 $f'(x) = 10x^4 - 10$,由例 9.4.1 可知 $f(x)$ 与 $f'(x)$ 互素,故 $f(x)$ 无重根.

下面我们再来研究一下,域 F 上的不可约多项式 $f(x)$. 对于 $f(x)$ 和 $f'(x)$ 只有互素与不互素这两种情况. 若它们不互素,则它们有不为 0 次多项式的公因式,这就与 $f(x)$ 的不可约矛盾了. 因此 $f(x)$、$f'(x)$ 必定互素,因而由定理 10.4.1,有:

定理 10.4.2 域 F 上的任一不可约多项式 $f(x)$ 必定没有重根.

例 10.4.2 $f(x) = 2x^5 - 10x + 5$ 按例 7.5.2 是不可约的,因此它无重根. 这与例 10.4.1 的结果一致.

§10.5 根与系数的关系

例 10.5.1 对于 $f(x) = x^2 + a_1 x + a_2 = (x-\alpha_1)(x-\alpha_2)$,有

$$a_1 = -(\alpha_1 + \alpha_2), \quad a_2 = \alpha_1 \alpha_2;$$

对于 $f(x) = x^3 + a_1 x^2 + a_2 x + a_3 = (x-\alpha_1)(x-\alpha_2)(x-\alpha_3)$,有

$$a_1 = -(\alpha_1 + \alpha_2 + \alpha_3), \quad a_2 = \alpha_1 \alpha_2 + \alpha_1 \alpha_3 + \alpha_2 \alpha_3, \quad a_3 = -\alpha_1 \alpha_2 \alpha_3.$$

对于一般的 n 次首 1 多项式

$$x^n + a_1 x^{n-1} + a_2 x^{n-2} + \cdots + a_{n-1} x + a_n. \tag{10.13}$$

设它的 n 个根为 $\alpha_1, \alpha_2, \cdots, \alpha_n$, 则利用(10.9)的分解,有

$$x^n + a_1 x^{n-1} + a_2 x^{n-2} + \cdots + a_{n-1} x + a_n = (x - \alpha_1)(x - \alpha_2) \cdots (x - \alpha_n). \tag{10.14}$$

比较此式两边 x 的同次项的系数,并引入下列定义的 $\sigma_1, \sigma_2, \cdots, \sigma_n$, 则有

定理 10.5.1(韦达定理)   如果 $\alpha_1, \alpha_2, \cdots, \alpha_n$ 是 n 次首 1 多项式(10.13)的根,那么有

$$\sigma_1 = \alpha_1 + \alpha_2 + \cdots + \alpha_n = -a_1,$$
$$\sigma_2 = \alpha_1 \alpha_2 + \alpha_1 \alpha_3 + \cdots + \alpha_1 \alpha_n + \alpha_2 \alpha_3 + \cdots + \alpha_{n-1} \alpha_n = a_2, \tag{10.5}$$
$$\vdots$$
$$\sigma_n = \alpha_1 \alpha_2 \cdots \alpha_n = (-1)^n a_n.$$

这里的 σ_k, $k = 1, 2, \cdots, n$ 表示所有可能的 k 个 α_i 的乘积之和. 韦达是法国数学家,他首先在 $n = 2$、3、4、5 时得出了定理 10.5.1 的结果,而一般的结果由法国-荷兰数学家吉拉尔在 1629 年证明.

例 10.5.2   对于 $x^n - c \in F[x]$, 则有 $\sigma_1 = \sigma_2 = \cdots = \sigma_{n-1} = 0$, $\sigma_n = (-1)^n(-c)$, 当 n 为奇数时, $\sigma_n = c$.

第十一章

实系数多项式的根

§11.1 实系数多项式的实根和复根

设 α 是实系数多项式 $f(x) = a_n x^n + a_{n-1} x^{n-1} + \cdots + a_1 x + a_0 \in \mathbf{R}[x]$ 的一个非实复根,于是由 $f(\alpha) = a_n \alpha^n + a_{n-1} \alpha^{n-1} + \cdots + a_1 \alpha + a_0 = 0$,以及 $a_i \in \mathbf{R}$,$i = 0, 1, 2, \cdots, n$,有 $f(\bar{\alpha}) = a_n \bar{\alpha}^n + a_{n-1} \bar{\alpha}^{n-1} + \cdots + a_1 \bar{\alpha} + a_0 = 0$,因此 $\bar{\alpha}$ 也是 $f(x)$ 的根.

这样,$(x - \alpha)(x - \bar{\alpha}) \in \mathbf{R}[x]$ 就是 $f(x)$ 的一个因式,且 $f(x) = (x - \alpha)(x - \bar{\alpha}) g(x)$,其中 $g(x) \in \mathbf{R}[x]$. 如果 α 是 $f(x)$ 的 2 重根. 那么 α 也是 $g(x)$ 的根. 应用上述同样的讨论,可知 $\bar{\alpha}$ 也是 $g(x)$ 的根,因此 $\bar{\alpha}$ 也是 $f(x)$ 的 2 重根. 以此类推,可知 α 和 $\bar{\alpha}$ 在 $f(x)$ 中有相同的重数. 于是我们就证明了:

定理 11.1.1 实系数多项式方程的非实复根是成对出现的.

如果 $f(x) \in \mathbf{R}[x]$,而且 $\deg f(x)$ 是一个奇数,那么我们就有下列推论:

推论 11.1.1 任意一个实系数奇数次多项式都至少有一个实根.

例 11.1.1 设 $f(x) \in \mathbf{R}[x]$,且 $\deg f(x) = 5$,那么 $f(x)$ 的根可能有 3 种情况:有 1 个实根,2 对共轭复根;有 3 个实根,1 对共轭复根;有 5 个实根.

对于一般情况而言,实系数多项式何时才有实根? 它有多少个实根? 在给定区间 $[a, b]$ 中有多少个实根? 笛卡儿、牛顿、英国数学家西尔维斯特 (James Joseph Sylvester,1814—1897)、法国数学家傅里叶(Jean Baptiste Joseph Fourier,1768—1830)都曾经研究过这些问题. 直到 1835 年法国数学家斯图姆(Charles-François Sturm,1803—1855)才完美地解决了这一问题.

§11.2 实数序列的变号次数

设有有限个不为零的实数序组

$$a_1, a_2, \cdots, a_n. \tag{11.1}$$

若其中相邻数的符号相反,则称该数序组中有一个变号. 组中变号的总数,称为该组的变号次数.

例 11.2.1 数序组 $1, -2, 3, -4, -5, 2$ 的变号次数为 4.

若实数序组中含有等于 0 的数,那么我们先把 0 去掉,而去掉 0 后剩下的数序组的变号次数就是原数序组的变号数.

例 11.2.2 数序组 $5, -3, 0, -2, 0, 4, -3$ 去掉 0 以后有 $5, -3, -2,$ $4, -3$,故原数序组的变号次数为 3.

§11.3　没有重根的实系数多项式的斯图姆组

我们要研究的是 $f(x) \in \mathbf{R}[x]$ 所有不同的实根的个数. 于是对应于

$$f(x) = (x - \alpha_1)^{k_1}(x - \alpha_2)^{k_2} \cdots (x - \alpha_s)^{k_s}, \tag{11.2}$$

我们研究

$$f_0(x) = (x - \alpha_1)(x - \alpha_2) \cdots (x - \alpha_s). \tag{11.3}$$

其中 $f_0(x)$ 与 $f(x)$ 有相同的根集合,只不过没有重根. 再者我们今后感兴趣的是 $f(x) \in \mathbf{R}[x]$ 是不可约多项式的这一情况. 根据定理 10.4.2 可知,此时 $f(x)$ 必定是无重根的. 因此下面我们就研究没有重根的 $f(x) \in \mathbf{R}[x]$ 的实数根的个数.

我们从

$$f_0(x) = f(x), \quad f_1(x) = f'(x) \tag{11.4}$$

开始,接着以 $f_1(x)$ 除 $f_0(x)$ 而得出的余式乘以 (-1) 取作 $f_2(x)$,也即

$$f_0(x) = f_1(x)q_1(x) - f_2(x). \tag{11.5}$$

然后再把 $f_2(x)$ 除 $f_1(x)$,以此得到的余式乘以 (-1) 取作 $f_3(x)$,以此类推. 与 §9.2 中所述的多项式的欧几里得算法相比较,我们现在每一次得到余式都将它乘以 (-1),用此再进行下一步的除法,详细地写下来,有

$$f_0(x) = f_1(x)q_1(x) - f_2(x),$$
$$f_1(x) = f_2(x)q_2(x) - f_3(x),$$

$$\vdots$$

$$f_{s-2}(x) = f_{s-1}(x)q_{s-1}(x) - f_s(x),$$

$$f_{s-1}(x) = f_s(x)q_s(x).$$

$$(11.6)$$

把(11.6)与§9.2中的(9.2)比较,组 $f_0(x)$, $f_1(x)$, $f_2(x)$, $\cdots$, $f_{s-1}(x)$, $f_s(x)$ 是不同于组 $a(x)$, $b(x)$, $r_1(x)$, $\cdots$, $r_k(x)$ 的,比如 $f_2(x) = -r_1(x)$, $\cdots$. 不过,按§9.2所述,我们每一次都对余式乘以 (-1) 再去进行下一个相除,并不会影响求得 $f_0(x) = f(x)$ 与 $f_1(x) = f'(x)$ 的最大公因式,因此这里的 $f_s(x)$ 即是 $f(x)$ 与 $f'(x)$ 的最大公因式.

假定 $f(x)$ 无重根,按§10.4所述,若 α 是 $f(x)$ 的一个根,即 $f(\alpha) = 0$,则 $f'(\alpha) \neq 0$,而且此时由定理10.4.1可知,$f(x)$ 与 $f'(x)$ 互素,因此 $f(x)$ 与 $f'(x)$ 的最大公因式为一个不等于0的常数 $c \in F$. 这样就有:

定义 11.3.1 对于无重根的 $f(x) \in \mathbf{R}[x]$,按(11.6)作出

$$f_0(x), f_1(x), f_2(x), \cdots, f_{s-1}(x), c, \quad c \in F, c \neq 0, \quad (11.7)$$

称为 $f(x)$ 的斯图姆组. 若 $c > 0$,可取 $c=1$;若 $c<0$,可取 $c=-1$.

例 11.3.1 求 $f(x) = x^5 - 3x - 1$ 的斯图姆组.

先有 $f_0(x) = x^5 - 3x - 1$, $f_1(x) = f'(x) = 5x^4 - 3$,然后从 $(x^5 - 3x - 1) = (5x^4 - 3)\left(\dfrac{1}{5}x\right) - \left(\dfrac{12}{5}x + 1\right)$,有 $f_2(x) = \dfrac{12}{5}x + 1$. 最后考虑 $(5x^4 - 3) \div \left(\dfrac{12}{5}x + 1\right)$ 的余数. 因为 $\dfrac{12}{5}x + 1$ 是1次的,故此时余数为常数 r,满足 $(5x^4 - 3) = \left(\dfrac{12}{5}x + 1\right)g(x) + r$. 令 $x = -\dfrac{5}{12}$,则有 $r = 5 \times \left(\dfrac{5}{12}\right)^4 - 3 < 0$,故 $c = -r > 0$,取 $c=1$,因此此时的斯图姆组为 $x^5 - 3x - 1$, $5x^4 - 3$, $\dfrac{12}{5}x + 1$, 1.

作为一个"副产品",我们同时也得出了 $f(x) = x^5 - 3x - 1$ 无重根的结论.

§11.4 斯图姆定理

有了以上的准备以后,我们就可以来叙述斯图姆定理. 对证明这一定理感兴趣的读者可以在本书的附录4中找到完整的阐述.

定理 11.4.1(斯图姆定理)　设 $f(x) \in \mathbf{R}[x]$,如果 $f(x)$ 没有重根,而且 $a, b \in \mathbf{R}(a < b)$,都不是 $f(x)$ 的实根,那么 $f(x)$ 在区间 $[a, b]$ 之间的实数根的个数等于 $V(a) - V(b)$,其中 $V(a)$、$V(b)$ 分别是 $f(x)$ 的斯图姆组在 $x = a$ 与 $x = b$ 时的变号次数.

由定理 10.4.2 知不可约多项式必定没有重根,因此如果 $f(x)$ 在 $\mathbf{Q}$ 上是不可约的,那么它就没有重根.把 $f(x)$ 看成是 $\mathbf{R}$ 上的多项式,它也没有重根.这样,应用定理 11.4.1,就有

推论 11.4.1　设 $f(x) \in \mathbf{Q}[x]$,如果 $f(x)$ 在 $\mathbf{Q}$ 上是不可约的,那么对于 $a, b \in \mathbf{R}$,$a < b$,且 a、b 都不是 $f(x)$ 的根,$f(x)$ 在区间 $[a, b]$ 之间的实数根的个数等于 $f(x)$ 的斯图姆组在 $x = a$ 与 $x = b$ 时的变号次数之差.

例 11.4.1　讨论 $f(x) = x^5 - 3x - 1$ 的实根的分布.

解　由例 11.3.1 可知 $f(x)$ 的斯图姆组为 $f_0(x) = x^5 - 3x - 1$,$f_1(x) = 5x^4 - 3$,$f_2(x) = \dfrac{12}{5}x + 1$,$f_3(x) = 1$. 当取 $x = -2$、-1、0、1、2 时,不难得出 $f(x)$ 的下列符号表 11.4.1. 于是有结论:$f(x)$ 分别在 $[-2, -1]$、$[-1, 0]$、$[1, 2]$ 之间各有一个实根.因此共有 3 个实根,以及一对共轭复根.

表 11.4.1　$f(x) = x^5 - 3x - 1$ 的斯图姆组给出的正、负值与变号次数

x	$f_0(x)$	$f_1(x)$	$f_2(x)$	$f_3(x)$	变号次数
-2	$-$	$+$	$-$	$+$	3
-1	$+$	$+$	$-$	$+$	2
0	$-$	$-$	$+$	$+$	1
1	$-$	$+$	$+$	$+$	1
2	$+$	$+$	$+$	$+$	0

当然,如果我们只需知道 $f(x) \in \mathbf{R}[x]$ 有多少个实根,而不想知道它们的分布情况的话,那么,我们就只要取充分大的正数 M,使 $f(x)$ 的所有实根都在区间 $[-M, M]$ 之中,只要计算出 $V(-M) - V(M)$ 即可. 通常采用 $V(-\infty) - V(\infty)$ 这一记号.这样也避免了我们去考虑,例如,例 11.4.1 中的 $x = -2$、-1、0、1、2 这样的一些值.

推论 11.4.2　设 $f(x) \in \mathbf{Q}[x]$,如果它在 $\mathbf{Q}$ 上是不可约的,那么 $f(x)$ 的实数根的个数等于 $V(-\infty) - V(\infty)$.

例 11.4.2 求 $f(x) = x^5 - 3x - 1$ 的实数根的个数.

解 由例 11.3.1 或例 11.4.1 可知,斯图姆组对很小和很大的 x 给出的 $f(x)$ 的相应符号组为 $-$、$+$、$-$、$+$ 和 $+$、$+$、$+$、$+$,有 $V(-\infty) = 3$, $V(\infty) = 0$,因此 $f(x)$ 有 3 个实数根. 这与例 11.4.1 的结果一致.

我们在 §9.2 中说过,在应用欧几里得算法求多项式 $a(x)$、$b(x)$ 的最大公因式时,为了避免会出现的分数值,我们在进行到任意一步时,都可以以 c ($c \in F, c \neq 0$) 去乘被除式或除式,这不影响最后得出的公因式. 类似地,在求斯图姆组而作除法时,为了避免分数出现,我们可以用一些正数去乘被除式或除式. 这就相当于把原有的斯图姆组中的某些多项式乘了一些正数. 这样做肯定不会改变原来的斯图姆组的变号次数,从而对求出 $[a, b]$ 之间的实数根的个数不会产生影响.

例 11.4.3 求 $f(x) = x^5 - p^2 x + p$ 的实数根的个数,其中 p 是素数.

解 由已知得 $f_1(x) = f'(x) = 5x^4 - p^2$,从而 $5 \times (x^5 - p^2 x + p) = (5x^4 - p^2) \cdot x - (4p^2 x - 5p)$,因此 $f_2(x) = 4p^2 x - 5p$. 然后,设 $5x^4 - p^2 = (4p^2 x - 5p)g(x) + r$,则 $r = 5 \cdot \left(\frac{5}{4p}\right)^4 - p^2$,故当 p 是素数时,$r < 0$,于是 $c = 1$. 最后有 $f(x)$ 的斯图姆组:$x^5 - p^2 x + p$, $5x^4 - p^2$, $4p^2 x - 5p$, 1. 对于给出的很小和很大的 x,$f(x)$ 的相应符号组为 $-$、$+$、$-$、$+$ 与 $+$、$+$、$+$、$+$. 于是 $V(-\infty) = 3, V(\infty) = 0$. 所以当 p 为素数时,$f(x)$ 有 3 个实数根以及一对共轭复根.

第十二章

多元多项式

§12.1 多元多项式和字典式排列法

前面我们讨论过的 $f(x) \in F[x]$ 是数域 F 上的一元多项式,这是因为它只有一个变元 x. 下面我们要讨论 F 上的 n 个变元 $x_1, x_2, \cdots, x_n$ 的多项式. 例如 $f(x_1, x_2, x_3) = x_1^3 + 3x_1^2 x_2 + 2x_1 x_3 + 4x_2 + 5$ 便是一个 3 元多项式. 域 F 上的一个一般 n 元多项式可以表示为

$$f(x_1, x_2, \cdots, x_n) = \sum_{k_1, k_2, \cdots, k_n} c_{k_1, k_2, \cdots, k_n} x_1^{k_1} x_2^{k_2} \cdots x_n^{k_n}, \qquad (12.1)$$

这里 $\sum$ 表示对 $k_1, k_2, \cdots, k_n$ 的有限求和, $c_{k_1, k_2, \cdots, k_n} \in F$, $k_1, k_2, \cdots, k_n \in \mathbf{N}$, 其中每一项 $c_{k_1, k_2, \cdots, k_n} x_1^{k_1} x_2^{k_2} \cdots x_n^{k_n}$ 称为一个 $(k_1 + k_2 + \cdots + k_n)$ 次的单项式, (12.1) 中有非零系数的单项式所具有的最高次就是 $f(x_1, x_2, \cdots, x_n)$ 的次数, 记为 $\deg f$. 例如上述的 $f(x_1, x_2, x_3)$ 就是 3 次的.

F 上的 n 元多项式的全体记为 $F[x_1, x_2, \cdots, x_n]$, 其中元素的相等、加减法和乘法如常定义, 不再赘述.

对于一元多项式 $f(x)$ 中的各项, 我们可以用 x 的升幂排列, 如 (7.1), 或降幂排列, 如 (10.6). 对于 $f(x_1, x_2, \cdots, x_n)$ 中的各项, 在我们下面的讨论中, 按 $x_1, x_2, \cdots, x_n$ 依次降幂排列. 这种方法称为多元多项式的字典式排列法, 而此时的第一项称为首项.

例 12.1.1 $f(x_1, x_2, x_3) = -x_1^2 x_2^3 x_3^2 + 5x_1^2 x_2 x_3^2 + x_1^5 + x_3^4 + 3x_1 - 2x_2 - 3$ 按字典式排列后, 有 $f(x_1, x_2, x_3) = x_1^5 - x_1^2 x_2^3 x_3^2 + 5x_1^2 x_2 x_3^2 + 3x_1 - 2x_2 + x_3^4 - 3$, 这是一个 3 元 7 次多项式.

例 12.1.2 $f(x_1, x_2, \cdots, x_n) \cdot g(x_1, x_2, \cdots, x_n)$ 的首项由 $f(x_1, x_2, \cdots, x_n)$ 的首项与 $g(x_1, x_2, \cdots, x_n)$ 的首项的乘积得出.

§12.2 对称多项式和初等对称多项式

我们说 3 元 4 次多项式 $f(x_1, x_2, x_3) = x_1^2 x_2^2 + x_1^2 x_3^2 + x_2^2 x_3^2$ 是对称的. 这是指 x_1、x_2、x_3 在其中的"地位"是完全一样的. 更精确地说,我们有:

定义 12.2.1 如果 $f(x_1, x_2, \cdots, x_n) \in F[x_1, x_2, \cdots, x_n]$ 在变量 x_1, x_2, $\cdots$, x_n 的任一置换下都不变,即

$$f(x_1, x_2, \cdots, x_n) = f(x_{i_1}, x_{i_2}, \cdots, x_{i_n}), \tag{12.2}$$

其中 x_{i_1}, x_{i_2}, $\cdots$, x_{i_n} 是 x_1, x_2, $\cdots$, x_n 的任意排列,那么称 $f(x_1, x_2, \cdots, x_n)$ 是关于变量 x_1, x_2, $\cdots$, x_n 的一个对称多项式.

例 12.2.1 $f(x_1, x_2) = x_1^2 + x_2^2$,以及 $f(x_1, x_2, x_3) = 5x_1^3 + 5x_2^3 + 5x_3^3 - 15x_1 x_2 x_3 + 4$ 都是对称多项式.

利用 x_1, x_2, $\cdots$, x_n 作为"材料",我们能构造下列 n 个关于 x_1, x_2, $\cdots$, x_n 的多项式

$$\sigma_1 = x_1 + x_2 + \cdots + x_n,$$
$$\sigma_2 = x_1 x_2 + x_1 x_3 + \cdots + x_1 x_n + x_2 x_3 + \cdots + x_{n-1} x_n, \tag{12.3}$$
$$\vdots$$
$$\sigma_n = x_1 x_2 \cdots x_n.$$

这些表示形式我们在 §10.5 中讨论多项式方程的根和系数关系时曾经看到过. 不难看出 σ_1, σ_2, $\cdots$, σ_n 都是对称多项式. 我们把它们称为关于变量 x_1, x_2, $\cdots$, x_n 的初等对称多项式.

我们都做过这一类题目,比如说:"已知 x_1、x_2 是方程 $x^2 - 4x + 3 = 0$ 的两个根,试在不解方程的前提下,求出 $x_1^3 + x_2^3$ 的值". 现在 $f(x_1, x_2) = x_1^3 + x_2^3$ 是对称函数,而根据根与系数的关系,此时的初等对称多项式 σ_1、σ_2 给出 $\sigma_1 = x_1 + x_2 = 4$,$\sigma_2 = x_1 x_2 = 3$. 于是我们熟悉的下列解法:$x_1^3 + x_2^3 = (x_1 + x_2)^3 - 3(x_1 + x_2)x_1 x_2 = \sigma_1^3 - 3\sigma_1 \sigma_2 = 4^3 - 3 \times 4 \times 3 = 28$,就意味着我们能用初等对称多项式 σ_1、σ_2 作"建筑材料"来构造出对称多项式 $x_1^3 + x_2^3$. 对于一般的情况,我们将在下节中讨论.

§12.3 对称多项式基本定理

定理 12.3.1(对称多项式基本定理) 设 $f(x_1, x_2, \cdots, x_n) \in F[x_1,$

x_2，…，x_n］是关于 x_1，x_2，…，x_n 的对称多项式，那么存在多项式 $g(x_1,$ $x_2,$ …，$x_n) \in F[x_1, x_2, …, x_n]$，使得

$$f(x_1, x_2, …, x_n) = g(\sigma_1, \sigma_2, …, \sigma_n). \tag{12.4}$$

即任意一个关于变量 x_1，x_2，…，x_n 的对称多项式都可以表示为初等对称多项式 σ_1，σ_2，…，σ_n 的一个多项式.

为了理解此定理陈述的内容，我们不妨回顾一下上节中例子所表明的情况：对于 $f(x_1, x_2) = x_1^3 + x_2^3$，我们尽力使其向 $\sigma_1 = x_1 + x_2$ 和 $\sigma_2 = x_1 x_2$ “靠近”，最后得出 $f(x_1, x_2) = x_1^3 + x_2^3 = \sigma_1^3 - 3\sigma_1\sigma_2$，即 $g(\sigma_1, \sigma_2) = \sigma_1^3 - 3\sigma_1\sigma_2$，也就是 $g(x_1, x_2) = x_1^3 - 3x_1 x_2$.

下面我们采用英国数学家华林（Edward Waring，1736—1798）在 1779 年给出的一个求多项式 $g(x_1, x_2, …, x_n)$ 的算法. 这也是一个“一举两得”的做法：既证明了它的存在，也明示了如何一步步地去求它. 下面我们就一步步地来细说：

（i）设对称多项式 $f(x_1, x_2, …, x_n)$ 按字典排列法给出的首项是

$$a x_1^{k_1} x_2^{k_2} \cdots x_n^{k_n}. \tag{12.5}$$

因为该多项式是对称的，就必然有

$$k_1 \geqslant k_2 \geqslant \cdots \geqslant k_n. \tag{12.6}$$

若不然的话，举例来说，设首项是 $x_1^2 x_2^3 x_3$，则 $f(x_1, x_2, …, x_n)$ 中必然有与之对称相关的项 $x_1^3 x_2^2 x_3$，这就与 $x_1^2 x_2^3 x_3$ 为首项矛盾了.

（ii）针对（12.5），作出

$$\varphi_1(x_1, x_2, …, x_n) = a\sigma_1^{k_1-k_2} \sigma_2^{k_2-k_3} \cdots \sigma_{n-1}^{k_{n-1}-k_n} \sigma_n^{k_n}. \tag{12.7}$$

显然，这是初等对称多项式 σ_1，σ_2，…，σ_n 的各非负方幂的一个乘积，因此也是关于 x_1，x_2，…，x_n 的一个对称多项式. 由 σ_1 含有项 x_1；σ_2 中含有项 $x_1 x_2$；…；σ_n 中含有项 $x_1 x_2 \cdots x_n$，可推得 $\varphi_1(x_1, x_2, …, x_n)$ 中的首项为（参见例 12.1.2）

$$a x_1^{k_1-k_2} (x_1 x_2)^{k_2-k_3} \cdots (x_1 x_2 \cdots x_{n-1})^{k_{n-1}-k_n} (x_1 x_2 \cdots x_n)^{k_n} = a x_1^{k_1} x_2^{k_2} \cdots x_n^{k_n},$$
$$\tag{12.8}$$

也就是（12.5）.

(iii) 构造

$$f_1(x_1, x_2, \cdots, x_n) = f(x_1, x_2, \cdots, x_n) - \varphi_1(x_1, x_2, \cdots, x_n).$$

$$(12.9)$$

因此 $f(x_1, x_2, \cdots, x_n)$ 与 $\varphi_1(x_1, x_2, \cdots, x_n)$ 两者的首项对消,同时也消去与其对称相关的各项. 再者,由(12.9)可知 $f_1(x_1, x_2, \cdots, x_n)$ 也是关于 $x_1, x_2, \cdots, x_n$ 的对称多项式.

(iv) 类似地,针对 $f_1(x_1, x_2, \cdots, x_n)$ 作出 $\varphi_2(x_1, x_2, \cdots, x_n)$,然后构造

$$f_2(x_1, x_2, \cdots, x_n) = f_1(x_1, x_2, \cdots, x_n) - \varphi_2(x_1, x_2, \cdots, x_n).$$

$$(12.10)$$

这样以此类推,能把 $f(x_1, x_2, \cdots, x_n)$ 中最初的含有 $x_1^{k_1}$ 的各单项式全部消去,从而得出关于 $x_1, x_2, \cdots, x_n$ 的对称多项式 $f_i(x_1, x_2, \cdots, x_n)$,它的首项

$$bx_1^{l_1} x_2^{l_2} \cdots x_n^{l_n}$$

$$(12.11)$$

除了满足类似于(12.6)的

$$l_1 \geqslant l_2 \geqslant \cdots \geqslant l_n$$

$$(12.12)$$

以外,还有

$$k_1 > l_1.$$

$$(12.13)$$

因此做到这一步,$x_1^{k_1}$ 中的 k_1 已减小到 x^{l_1} 中的 l_1. 因为 $f(x_1, x_2, \cdots, x_n)$ 中只有有限项,而 k_1 也是一个有界的正整数,所以只要我们这样进行下去,这一过程必定会终止于某一 k 值,从而有 $f_k(x_1, x_2, \cdots, x_n) = 0$.

(v) 综上所述,有

$$f_1(x_1, x_2, \cdots, x_n) = f(x_1, x_2, \cdots, x_n) - \varphi_1(x_1, x_2, \cdots, x_n),$$
$$f_2(x_1, x_2, \cdots, x_n) = f_1(x_1, x_2, \cdots, x_n) - \varphi_2(x_1, x_2, \cdots, x_n),$$
$$\vdots$$
$$f_{k-1}(x_1, x_2, \cdots, x_n) = f_{k-2}(x_1, x_2, \cdots, x_n) - \varphi_{k-1}(x_1, x_2, \cdots, x_n),$$
$$f_k(x_1, x_2, \cdots, x_n) = f_{k-1}(x_1, x_2, \cdots, x_n) - \varphi_k(x_1, x_2, \cdots, x_n).$$

$$(12.14)$$

分别把(12.14)中各式的左端相加,右端相加,最后就有

$$f(x_1, x_2, \cdots, x_n) = \varphi_1(x_1, x_2, \cdots, x_n) + \varphi_2(x_1, x_2, \cdots, x_n)$$
$$+ \cdots + \varphi_k(x_1, x_2, \cdots, x_n).$$

$$(12.15)$$

其中(12.15)中的各 $\varphi_j(x_1, x_2, \cdots, x_n)$,$j = 1, 2, \cdots, k$ 都是系数在 F 中的初等对称多项式 $\sigma_1, \sigma_2, \cdots, \sigma_n$ 的各方幂的乘积,这就证明了 $f(x_1, x_2, \cdots, x_n)$ 可表示为 F 上 $\sigma_1, \sigma_2, \cdots, \sigma_n$ 的多项式.

例 12.3.1 设 $f(x_1, x_2, x_3) = x_1^2 x_2^2 + x_1^2 x_3^2 + x_2^2 x_3^2$,求 $g(x_1, x_2, x_3)$.

解 此时 $n = 3$,$\sigma_1 = x_1 + x_2 + x_3$,$\sigma_2 = x_1 x_2 + x_1 x_3 + x_2 x_3$,$\sigma_3 = x_1 x_2 x_3$,$k_1 = 2$,$k_2 = 2$,$k_3 = 0$. 于是

$$\varphi_1(x_1, x_2, x_3) = \sigma_1^{2-2} \sigma_2^{2-0} \sigma_3^0 = \sigma_2^2.$$

从而

$$f_1(x_1, x_2, x_3) = f(x_1, x_2, x_3) - \varphi_1(x_1, x_2, x_3)$$
$$= -2(x_1^2 x_2 x_3 + x_1 x_2^2 x_3 + x_1 x_2 x_3^2).$$

由此 $l_1 = 2$,$l_2 = 1$,$l_3 = 1$,则 $\varphi_2(x_1, x_2, x_3) = -2\sigma_1^{2-1} \sigma_2^{1-1} \sigma_3^1 = -2\sigma_1 \sigma_3$,此时 $f_2(x_1, x_2, x_3) = f_1(x_1, x_2, x_3) - \varphi_2(x_1, x_2, x_3) = 0$.

所以 $f(x_1, x_2, x_3) = \varphi_1(x_1, x_2, x_3) + \varphi_2(x_1, x_2, x_3) = \sigma_2^2 - 2\sigma_1 \sigma_3$. 于是 $g(x_1, x_2, x_3) = x_2^2 - 2x_1 x_3$.

华林算法给出了求多项式 $g(x_1, x_2, \cdots, x_n)$ 的一套模式,于是解这类题目,或者§12.2中曾提到过的那一类试题就不在话下了. 不过有时候更重要的是知道对称函数可以用初等对称函数以多项式的方式来表达就足够了,而不必明晰地去求 $g(x_1, x_2, \cdots, x_n)$. 下面给出的推论正是应用了这一点.

推论 12.3.1 设 $h(x) = x^n + a_1 x^{n-1} + \cdots + a_{n-1} x + a_n \in F[x]$ 的 n 个根为 $\alpha_1, \alpha_2, \cdots, \alpha_n$,如果 $f(x_1, x_2, \cdots, x_n) \in F[x_1, x_2, \cdots, x_n]$ 是对称函数,那么

$$f(\alpha_1, \alpha_2, \cdots, \alpha_n) \in F. \qquad (12.16)$$

这是因为按照定理12.3.1,存在 $g(x_1, x_2, \cdots, x_n) \in F[x_1, x_2, \cdots, x_n]$ 满足 $f(x_1, x_2, \cdots, x_n) = g(\sigma_1, \sigma_2, \cdots, \sigma_n)$,因此定理10.5.1就给出 $f(\alpha_1, \alpha_2, \cdots, \alpha_n) = g(-a_1, \cdots, \pm a_n) \in F$.

这一推论把对称多项式和根与系数的关系联系了起来. 下面我们举一个例子来结束这一部分的讨论.

例 12.3.2 设 $h(x) = x^2 - 2x + 3 \in \mathbf{Q}[x]$，且 $f(x_1, x_2) = x_1^2 - 3x_1x_2 + x_2^2$，它是 $\mathbf{Q}$ 上关于 x_1、x_2 的对称多项式. 设 α_1、α_2 是 $h(x)$ 的两个根，则 $\alpha_1 = 1 + \sqrt{2}\,\mathrm{i}$，$\alpha_2 = 1 - \sqrt{2}\,\mathrm{i}$，于是根据上述推论，有 $f(\alpha_1, \alpha_2) \in \mathbf{Q}$. 事实上，由直接计算可得 $f(\alpha_1, \alpha_2) = -11$. 这就印证了推论 12.3.1.

第五部分
阿贝尔引理、阿贝尔不可约定理以及一些重要的扩域

在这一部分中,我们证明了阿贝尔引理,以及关于不可约多项式的基本定理——阿贝尔不可约性定理,据此我们讨论了单代数扩域的结构定理.

此外,我们还讨论了两类重要的扩域:n 型纯扩域和复共轭封闭域.

第十三章

阿贝尔引理与阿贝尔不可约定理

§13.1 $x^2-c \in \mathbf{N}^*[x]$ 在 $\mathbf{N}^*$ 上可约吗?

域 F 上的纯方程 $x^n-c=0$, $n \in \mathbf{N}^*$, $c \in F$ 在我们后面的讨论中很重要,为此我们先研究 $x^2-c \in \mathbf{N}^*[x]$. 对于 $c=1, 4, 9, 16, \cdots$,则 x^2-c 分别等于 $(x-1)(x+1)$, $(x-2)(x+2)$, $(x-3)(x+3)$, $(x-4)(x+4)$, $\cdots$,因此,它们在 $\mathbf{N}^*$ 上是可约的. 而对于 $c=2, 3, 5, \cdots$,则 x^2-c 分别等于 $(x-\sqrt{2})(x+\sqrt{2})$, $(x-\sqrt{3})(x+\sqrt{3})$, $(x-\sqrt{5})(x+\sqrt{5})$, $\cdots$,显然它们在 $\mathbf{N}^*$ 上是不可约的. 这是因为 $\sqrt{2}, \sqrt{3}, \sqrt{5}, \cdots \in \mathbf{R}-\mathbf{Q}$,当然不是正整数了. 我们把数 $1, 4, 9, 16, \cdots$,称为(完全)平方数,而数 $2, 3, 5, \cdots$,称为非(完全)平方数. 更精确地说,$m=1$ 是平方数,除此以外,对于 $m \in \mathbf{N}^*$, $m \neq 1$,若在 m 的素数分解(参见(3.6))中有

$$m = p_1^{v_1} p_2^{v_2} \cdots p_k^{v_k}, \text{其中} v_i \in \mathbf{N}^*, 2 \mid v_i, i=1, 2, \cdots, k, \quad (13.1)$$

则称 m 是一个(完全)平方数,否则 m 则是一个非(完全)平方数. 对于平方数 m,有

$$\sqrt{m} = p_1^{\frac{v_1}{2}} p_2^{\frac{v_2}{2}} \cdots p_k^{\frac{v_k}{2}} \in \mathbf{N}^*. \quad (13.2)$$

于是 $x^2-m = (x-\sqrt{m})(x+\sqrt{m})$,即 $x^2-m \in \mathbf{N}^*[x]$ 在 $\mathbf{N}^*$ 上是可约的. 下面我们证明:若 m 是非平方数,则 $\sqrt{m}$ 一定是一个无理数,因此此时 x^2-m 在 $\mathbf{N}^*$ 上是不可约的.

我们用反证法来证明 $\sqrt{m}$ 是无理数. 假定 $\sqrt{m}$ 是一个有理数,即 $\sqrt{m} = \frac{p}{q}$,其中 $p, q \in \mathbf{N}^*$,于是有 $mq^2 = p^2$. 由于 m 是非平方数,因此在 m 的素因子分解中,总有某一素因子有奇次幂,而 q^2 和 p^2 的素因子分解中都只含素

因子的偶次幂,这样正整数 $l = mq^2 = p^2$ 就有了两种不同的素因子分解,这就与正整数素因子分解的唯一性相矛盾了(参见定理 3.3.1).

这样,我们就证明了 $\sqrt{m}$ 的无理性,其中 m 是任意非平方数,也同时证明了 $x^2 - m$(m 为任意非平方数)在 $\mathbf{N}^*$ 上是不可约的.

§13.2　$x^n - c$ 在 $\mathbf{N}^*$ 上的可约性问题

在上一节中,我们讨论了 $n=2$ 的情况,即 $x^2 - c \in \mathbf{N}^*[x]$ 的可约性问题. 对于 $n=3$,类似地我们要把 $\mathbf{N}^*$ 中的数分成(完全)立方数,如 1, 8, 27, …, 以及非(完全)立方数,如 2, 3, 4, …. 容易得出,当 c 是一个立方数时,$x^3 - c \in \mathbf{N}^*[x]$ 在 $\mathbf{N}^*$ 上是可约的. 事实上,此时 $x^3 - c = (x - \sqrt[3]{c})(x^2 + \sqrt[3]{c}x + \sqrt[3]{c^2})$,其中 $\sqrt[3]{c} \in \mathbf{N}^*$;当 c 是一个非立方数时,$x^3 - c \in \mathbf{N}^*[x]$ 在 $\mathbf{N}^*$ 上是不可约的.

对于 $n = 4, 5, 6, \cdots$ 我们显然要相应地引入(完全)四次方数、五次方数、六次方数……而对于 $x^4 - c, x^5 - c, x^6 - c, \cdots \in \mathbf{N}^*[x]$ 的可约与否也有相应的结论.

为了今后的应用,我们要讨论 $x^p - c \in F[x]$ 的可约性问题,这里 p 是一个素数,而 F 是任意一个域. 对于这么一个问题,我们现在已无正整数的算术基本定理可用,而且 F 中的元一般地也不像 $\mathbf{Q}$ 中的元可以表示为 $\dfrac{q}{p}$,p,$q \in \mathbf{N}^*$ 了. 那么如何来讨论此时的可约性问题呢? 幸好,我们有第四部分所阐明的多项式理论,可以用来证明下一节论述的阿贝尔引理.

§13.3　阿贝尔引理

下面我们来讨论纯方程 $x^n - c = 0$,$n \in \mathbf{N}^*$,$c \in F$. 我们称该方程在 F 上是可约的,当且仅当 $x^n - c \in F[x]$ 在 F 上是可约的;该方程在 F 上是不可约的,当且仅当 $x^n - c \in F[x]$ 在 F 上是不可约的. 同样,对于 F 上的一般多项式方程 $f(x) = 0$ 在 F 上可约与否,同样也按相应的多项式 $f(x) \in F[x]$ 在 F 上可约与否来定义.

定理 13.3.1(阿贝尔引理)　对于纯方程 $x^p - c = 0$,其中 p 是一个素数,

$c \in F$, 如果在 F 中不存在任何数, 使得它的 p 次幂等于 c, 那么此方程在 F 上是不可约的.

例 13.3.1　对于 $x^5 - 3 \in \mathbf{Q}[x]$, 由于 3 不是完全五次方数, 因此 $\sqrt[5]{3} \notin \mathbf{Q}$. 再者 $x^5 - 3 = 0$ 的另外 4 个根 $\sqrt[5]{3}\zeta$, $\sqrt[5]{3}\zeta^2$, $\sqrt[5]{3}\zeta^3$, $\sqrt[5]{3}\zeta^4 \in \mathbf{C} - \mathbf{Q}$, 故 $x^5 - 3 = 0$ 在 $\mathbf{Q}$ 上是不可约的.

为了证明阿贝尔引理, 我们用反证法. 假设 $x^p - c$ 在 F 上是可约的, 即存在 $\psi(x)$, $\varphi(x) \in F[x]$, 满足

$$x^p - c = \psi(x)\varphi(x). \tag{13.3}$$

设 $x^p - c$ 的一个根为 r, 即 $r^p = c$, 那么 $x^p - c$ 的 p 个根为 r, $r\zeta$, $r\zeta^2$, $\cdots$, $r\zeta^{p-1}$, 且 $\zeta^p = 1$ (参见 §1.5). 于是设

$$\psi(x) = x^u + \cdots + a, \ \varphi(x) = x^v + \cdots + b, \tag{13.4}$$

则有

$$\begin{aligned} x^p - c &= (x-r)(x-r\zeta)\cdots(x-r\zeta^{p-1}) = \psi(x)\varphi(x) \\ &= (x^u + \cdots + a)(x^v + \cdots + b). \end{aligned} \tag{13.5}$$

根据 §9.5 所述的多项式唯一因式分解定理, 从 $\psi(x)\varphi(x)$ 的分解式(13.5)可知 $\psi(x)$ 的分解之中必含有 $(x-r)$, $(x-r\zeta)$, $\cdots$, $(x-r\zeta^{p-1})$ 中的某 u 个, 而剩下的那些, 则为 $\varphi(x)$ 的各因式, 共 v 个. 由此, 由根与系数的关系可得

$$a = (-1)^u r^u \zeta^s, \ b = (-1)^v r^v \zeta^t. \tag{13.6}$$

由于 $\deg(x^p - c) = p$, $\deg \psi(x) = u$, 以及 $\deg \varphi(x) = v$, 则显然有

$$p = u + v. \tag{13.7}$$

由于 p 是素数, $u < p$, $v < p$, 所以 u、v 互素. 因此存在 h, $k \in \mathbf{Z}$, 满足(参见 (4.8))

$$hu + kv = 1. \tag{13.8}$$

再由 $\psi(x)$, $\varphi(x) \in F[x]$, a, $b \in F$, 对此我们定义 $w = -a^h \cdot b^k$. 首先这里定义的 $w \in F$, 其次应用(13.6)有 $w = -(-1)^{hu+kv}(r^u\zeta^s)^h(r^v\zeta^t)^k = r^{hu+kv}\zeta^{sh+tk} = r\zeta^{sh+tk}$. 最后我们来计算 w 的 p 次方: $w^p = r^p \zeta^{(sh+tk)p} = c$. 这样, 我们就找到了 $w \in F$, 使得 $w^p = c$. 这与引理中条件矛盾. 引理得证.

我们在第六部分中将用到这一引理.

§13.4 不可约多项式的基本定理
——阿贝尔不可约性定理

1829 年阿贝尔发表了阿贝尔不可约性定理. 它给出了不可约方程的一个重要性质, 因而是不可约多项式的基本定理.

定理 13.4.1(阿贝尔不可约性定理) 设 $f(x)$, $g(x) \in F[x]$, 如果 $f(x)$ 在 F 上是不可约的, 且 $f(x)$ 的一个根 α 也是 $g(x)$ 的一个根, 那么 $f(x) \mid g(x)$, 即存在 $h(x) \in F[x]$, 有 $g(x) = h(x)f(x)$.

为了证明这一重要定理, 我们首先注意到 $f(x)$ 在 F 上是不可约的, 那么 $\deg f(x) \geqslant 1$ (参见定义 7.2.1), 于是 $f(x)$ 和 $g(x)$ 就不同时为零, 因而由 §9.2 我们就能用欧几里得算法来求 $g(x)$ 和 $f(x)$ 的最大公因式 $d(x)$, 则有

$$g(x) = h(x)d(x),$$
$$f(x) = e(x)d(x), \tag{13.9}$$

以及(参见(9.3))

$$u(x)g(x) + v(x)f(x) = d(x), \tag{13.10}$$

其中 $h(x)$, $e(x)$, $u(x)$, $v(x) \in F[x]$.

接下来考虑定理中条件给出的限制. 首先, $f(x)$ 的根 α 也是 $g(x)$ 的根, 这表明它们至少有 1 次的公因式 $(x-\alpha)$, 且由 $d(x)$ 是 $g(x)$ 和 $f(x)$ 的最大公因式, 所以 $(x-\alpha) \mid d(x)$. 其次, $f(x)$ 在 F 上是不可约的, 因而(13.9)中的 $e(x)$ 必为域 F 中的一个不为 0 的常数, 不失一般性可设之为 1, 也即有 $f(x) = d(x)$. 所以由(13.9)有

$$g(x) = h(x)d(x) = h(x)f(x), \tag{13.11}$$

定理证毕.

若 β 是 $f(x)$ 的另一根, 则由(13.11)可知 $g(\beta) = h(\beta)f(\beta) = 0$, 也即 β 也是 $g(x)$ 的一个根. 这样就有:

推论 13.4.1 在定理 13.4.1 的假定下, $f(x) = 0$ 的所有根都是 $g(x) = 0$ 的根.

例 13.4.1 设 $f(x) = x^2 - 2$, $g(x) = x^3 + 3x^2 - 2x - 6 \in \mathbf{Q}[x]$, 则

$f(x)$ 在 **Q** 上不可约(参见 §13.1),且有根 $\pm\sqrt{2}$,其中 $\sqrt{2}$ 是 $g(x)=0$ 的根,容易验证 $-\sqrt{2}$ 也是 $g(x)=0$ 的一个根. 事实上 $g(x)=x^3+3x^2-2x-6=(x^2-2)(x+3)$.

由(13.11),考虑 $h(x)$ 的下列全部可能性,则得到的结果有:

(i) 当 $h(x)$ 是零多项式时,则 $g(x)$ 是零多项式;

(ii) 当 $h(x)$ 是 0 次多项式时,则 $g(x)=cf(x)$, $c\in F$, $c\neq 0$;

(iii) 当 $h(x)$ 是 $l(\geqslant 1)$ 次多项式时,则 $\deg g(x)>\deg f(x)$.

于是定理 13.4.1 有下列各推论:(参见例 10.3.1,以及例 8.1.3)

推论 13.4.2 设 $f(x)=a_nx^n+\cdots+a_1x+a_0$, $g(x)=b_lx^l+\cdots+b_1x+b_0\in F[x]$,其中 $f(x)$ 在 F 上是不可约的,且 $n>l$,若 $f(\alpha)=g(\alpha)=0$,则有 $b_l=\cdots=b_1=b_0=0$,即 $g(x)$ 是零多项式.

推论 13.4.3 设 $f(x)$、$g(x)$ 是 F 上的两个不可约多项式,且 $f(\alpha)=g(\alpha)=0$,则 $f(x)=cg(x)$, $c\in F$, $c\neq 0$,即 F 中有根 α 的不可约首 1 方程是唯一的.

推论 13.4.4 设 $f(x)$, $g(x)\in F[x]$,其中 $f(x)$ 在 F 上不可约,且 $\deg f(x)>\deg g(x)$. 那么若 $f(\alpha)=0$,则 $g(\alpha)\neq 0$,即 $f(x)$ 的根 α 不是 $g(x)$ 的根.

设 α 是 F 上的不可约多项式 $f(x)$ 的一个根,且 $f(x)$ 是首 1 的,那么由推论 13.4.3 可知:在以 α 为根的多项式之中,就不可约多项式而言,它是唯一的. 这也是上述(ii)所表明的:此时由 $g(x)=cf(x)$ 可知 $g(x)$ 也是不可约的,且 $g(x)=0$,与 $f(x)=0$ 是同一方程. 如果是(iii)这一情况,那么从 $\deg g(x)>\deg f(x)$ 可知,在 F 上以 α 为根的多项式之中,不可约多项式 $f(x)$ 的次数为最低. 为此我们把 $f(x)$ 称为 α 在 F 上的最小多项式(参见 §14.2).

第十四章

单代数扩域的结构, 纯扩域和复共轭封闭域

§14.1 不可约多项式的根给出的单代数扩域

我们在 §6.2 中讨论过单代数扩域的结构, 当时的结论是: 设 F 是域, $\alpha \notin F$ 是 $f(x) \in F[x]$ 的一个根, 且 $\deg f(x) = n$, 则

$$F(\alpha) = \left\{ \frac{\sum\limits_{i=0}^{n-1} a_i \alpha^i}{\sum\limits_{j=0}^{n-1} b_j \alpha^j} \,\middle|\, a_i,\, b_j \in F,\, i,\, j = 0,\, 1,\, 2,\, \cdots,\, n-1, \text{且} \sum_{j=0}^{n-1} b_j \alpha^j \neq 0 \right\}.$$

$$(14.1)$$

我们现在进而假定 $f(x)$ 是 F 上的不可约多项式, 把 (14.1) 中的"分式"转变成"整式", 为此我们设 $\psi(x) = \sum\limits_{i=0}^{n-1} a_i x^i$, $\varphi(x) = \sum\limits_{j=0}^{n-1} b_j x^j$, 因此定义 $g(x) = \dfrac{\psi(x)}{\varphi(x)}$ *, 则有

$$\frac{\sum\limits_{i=0}^{n-1} a_i \alpha^i}{\sum\limits_{j=0}^{n-1} b_j \alpha^j} = g(\alpha) = \frac{\psi(\alpha)}{\varphi(\alpha)},$$

$$(14.2)$$

其中 $\deg \psi(x) \leqslant n-1$, $\deg \varphi(x) \leqslant n-1$, 因此由推论 13.4.4 可推得 $\varphi(\alpha) \neq 0$. 由于 $f(x) \in F[x]$ 在 F 上是不可约的, 且 $\deg f(x) > \deg \varphi(x)$, 因此 $f(x)$

---

* 注: 由字母表示的数, 经有限次"+"、"−"、"×"和"÷"运算所构成的表达式称为有理式, 因此 $g(x)$ 是一个有理式.

与 $\varphi(x)$ 是互素的. 于是由定理 9.3.1 可知存在 $u(x)$，$v(x) \in F[x]$，满足

$$u(x)\varphi(x) + v(x)f(x) = 1. \tag{14.3}$$

在此式中令 $x = \alpha$，则从 $f(\alpha) = 0$，$\varphi(\alpha) \neq 0$，有

$$\frac{1}{\varphi(\alpha)} = u(\alpha). \tag{14.4}$$

于是 (14.2) 的右边就给出 $\dfrac{\psi(\alpha)}{\varphi(\alpha)} = u(\alpha)\psi(\alpha)$. 这样 (14.1) 的"分式"就变成 "整式"了. 将 $u(\alpha)\psi(\alpha)$ 乘出，并将其中 α 的每一个指数大于或等于 n 的幂用 α^{n-1}，α^{n-2}，$\cdots$，α 展开 (参见 §6.2)，则最终有：

定理 14.1.1　设 $f(x)$ 是域 F 上的一个 n 次不可约多项式，α 是它的一个根，那么

$$F(\alpha) = \{a_0 + a_1\alpha + \cdots + a_{n-1}\alpha^{n-1} \mid a_0, a_1, \cdots, a_{n-1} \in F\}. \tag{14.5}$$

由于 α 是 F 上的不可约多项式 $f(x)$ 的一个根，则 $\alpha \notin F$ (否则 $f(x)$ 有 1 次因式 $(x-\alpha)$)，于是单代数扩域 $F(\alpha) \supset F$.

例 14.1.1　$x^3 - 5 \in \mathbf{Q}[x]$，而 5 不是立方数，从而 $x^3 - 5$ 在 $\mathbf{Q}$ 上是不可约. $x^3 - 5 = 0$ 的 3 个根为 $\sqrt[3]{5}$、$\sqrt[3]{5}\omega$、$\sqrt[3]{5}\omega^2$，其中 $\omega = -\dfrac{1}{2} + \dfrac{\sqrt{3}}{2}\mathrm{i}$.

对于 $\sqrt[3]{5}$，有 $\mathbf{Q}(\sqrt[3]{5}) = \{a_0 + a_1\sqrt[3]{5} + a_2\sqrt[3]{25} \mid a_0, a_1, a_2 \in \mathbf{Q}\}$；

对于 $\sqrt[3]{5}\omega$，有 $\mathbf{Q}(\sqrt[3]{5}\omega) = \{a_0 + a_1\sqrt[3]{5}\omega + a_2\sqrt[3]{25}\omega^2 \mid a_0, a_1, a_2 \in \mathbf{Q}\}$；

对于 $\sqrt[3]{5}\omega^2$，有 $\mathbf{Q}(\sqrt[3]{5}\omega^2) = \{a_0 + a_1\sqrt[3]{5}\omega^2 + a_2\sqrt[3]{25}\omega \mid a_0, a_1, a_2 \in \mathbf{Q}\}$.

§14.2　单代数扩域的结构定理

(14.5) 给出一个相当漂亮的结果. 不过它能成立的条件比较苛刻：α 是 F 上不可约多项式的一个根，那么对于 F 上一般的 n 次首 1 多项式

$$f(x) = x^n + b_{n-1}x^{n-1} + \cdots + b_1 x + b_0 \tag{14.6}$$

的根 α 会怎样? 仍然回到 (14.1)? 还是利用 (14.5) 再进一步来得到一个新的结论? 下面我们来讨论一下.

设 α 是 (14.6) 中 $f(x)$ 的一个根,我们构造集合 T,它由 $F[x]$ 中所有以 α 为其根的多项式构成. 因为 $f(x) \in T$,所以 T 不是空集合. 在 T 中存在一个最低次数的多项式,记为 $g(x)$. 对于这个 $g(x)$,首先有 $g(\alpha)=0$,其次 $g(x)$ 在 F 上一定是不可约的. 这是因为如果它是可约的,则在 F 上存在更低次的,以 α 为根的多项式,这就与 $g(x)$ 的定义相矛盾了. 于是定理 14.1.1 就适用于 $g(x)$. 设 $\deg g(x)=l$,则有

$$F(\alpha) = \{a_0 + a_1\alpha + \cdots + a_{l-1}\alpha^{l-1} \mid a_0, a_1, \cdots, a_{l-1} \in F\}. \quad (14.7)$$

若 $\deg f(x)=n \geqslant l$,则令 $a_l = a_{l+1} = \cdots\cdots a_{n-1} = 0$,就有

$$F(\alpha) = \{a_0 + a_1\alpha + \cdots + a_{n-1}\alpha^{n-1} \mid a_0, a_1, \cdots, a_{l-1} \in F\}. \quad (14.8)$$

这就有:

定理 14.2.1(单代数扩域的结构定理) 设 α 是域 F 上的一个 n 次多项式的一个根,且 $\alpha \notin F$,则

$$F(\alpha) = \Big\{ \sum_{i=0}^{n-1} a_i\alpha^i \mid a_i \in F,\ i = 0, 1, 2, \cdots, n-1 \Big\}. \quad (14.9)$$

例 14.2.1 多项式 $f(x) = x^3 - 8$,有 3 个根:$x_1 = 2$,$x_2 = 2\omega$,$x_3 = 2\omega^2$(参见 §1.5),其中 $2 \in \mathbf{Q}$,2ω,$2\omega^2 \notin \mathbf{Q}$,$f(x) = (x-2)(x^2+2x+4)$,因此 $f(x)$ 在 $\mathbf{Q}$ 上是可约的,x^2+2x+4 在 $\mathbf{Q}$ 上是不可约的,它的 2 个根当然就是 2ω,$2\omega^2$. 于是有 $\mathbf{Q}(2) = \mathbf{Q}$;$\mathbf{Q}(2\omega) = \mathbf{Q}(\omega) = \mathbf{Q}(2\omega^2) = \mathbf{Q}(\omega^2) = \{a_0 + a_1\omega \mid a_0, a_1 \in \mathbf{Q}\}$.

§14.3 n 型纯扩域

为了今后的应用,我们讨论一下纯扩域:对于域 F 上的纯方程 $x^n - c = 0$,$n \in \mathbf{N}^*$,$c \in F$. 如果 α 是它的一个根,即 $\alpha^n = c$,或记为 $\alpha = \sqrt[n]{c}$,那么此时的单代数扩域 $F(\alpha)$,或记为 $F(\sqrt[n]{c})$,称为 F 的一个 n 型纯扩域,或 n 型根式扩域. F 到 $F(\sqrt[n]{c})$ 的扩张称为 n 型纯(根式)扩张.

例如对于 $\mathbf{Q}$ 上的方程 $x^6 - 5 = 0$ 的根 $\alpha = \sqrt[6]{5}$,$\mathbf{Q}(\sqrt[6]{5})$ 就是 $\mathbf{Q}$ 的一个纯扩域. 利用 $\sqrt[6]{5} = \sqrt[3]{\sqrt[2]{5}}$,我们可以分两步扩张来得到 $\mathbf{Q}(\sqrt[6]{5})$:首先按 $\mathbf{Q}$ 上方程

$x^2 - 5 = 0$ 的根 $\beta = \sqrt[2]{5}$，有 $\mathbf{Q}$ 的纯扩域 $\mathbf{Q}(\beta) = \mathbf{Q}(\sqrt[2]{5})$；其次按 $\mathbf{Q}(\beta)$ 上方程 $x^3 - \sqrt[2]{5} = 0$ 的根 $\alpha = \sqrt[6]{5}$，得出 $\mathbf{Q}(\beta)$ 的纯扩域 $\mathbf{Q}(\beta, \alpha) = \mathbf{Q}(\sqrt[2]{5}, \sqrt[6]{5})$. 从 $\alpha^3 = \beta$，就有 $\mathbf{Q}(\sqrt[6]{5}) = \mathbf{Q}(\sqrt[2]{5}, \sqrt[6]{5})$.

一般地，从 n 的典型分解式(3.6)可知任意纯扩张都可以归结为一系列的 p 为素数型的纯扩张 $F(\sqrt[p]{c})$.

另外，为了得到真扩域 $F(\sqrt[p]{c})$，则要求 $\sqrt[p]{c} \notin F$，否则 $F(\sqrt[p]{c}) = F$.

例 14.3.1　$x^6 - 1 \in \mathbf{Q}[x]$ 有 6 个根 1、$\zeta = e^{\frac{\pi}{3}i}$、$\zeta^2$、$\zeta^3$、$\zeta^4$、$\zeta^5$，这与按 $\sqrt[6]{1} = \sqrt[3]{\sqrt[2]{1}} = \sqrt[3]{\pm 1}$ 得出的 1、ω、ω^2、ζ、ζ^3、ζ^5 一致，其中 $\omega = \zeta^2$，$\omega^2 = \zeta^4$，$\zeta^3 = -1$. 由于 $\pm 1 \in \mathbf{Q}$，则 $\mathbf{Q}(\pm 1) = \mathbf{Q}$；由 $\omega \notin \mathbf{Q}$，及 $(\omega)^2 = \omega^2$，$((\omega)^2)^2 = \omega$，则 $\mathbf{Q}(\omega) = \mathbf{Q}(\omega^2)$. 再者，$(\zeta)^5 = \zeta^5$，以及 $(\zeta^5)^5 = \zeta$，从而 $\mathbf{Q}(\zeta) = \mathbf{Q}(\zeta^5)$，考虑到 $\omega = \zeta^2$，有下列域链：

$$\mathbf{Q} = \mathbf{Q}(\pm 1) \subset \mathbf{Q}(\omega) = \mathbf{Q}(\omega^2) \subset \mathbf{Q}(\zeta) = \mathbf{Q}(\zeta^5).$$

§14.4　复共轭封闭域

定义 14.4.1　设 F 是域，若对于任意 $c \in F$，c 的共轭复数 $\bar{c} \in F$，则称域 F 是一个复共轭封闭域.

例 14.4.1　域 $\mathbf{R}$ 以及 $\mathbf{R}$ 的任意子域都是共轭封闭，因为其中的数都是自共轭的. 域 $\mathbf{C}$ 也是复共轭封闭域.

例 14.4.2　沿用例 14.3.1 的符号. 因为 $\bar{\omega} = \omega^2$，故 $\mathbf{Q}(\omega)$ 是复共轭封闭的，又因为 $\bar{\zeta} = \zeta^5$，故 $\mathbf{Q}(\zeta)$ 也是复共轭封闭的.

例 14.4.3　$\mathbf{Q}$ 上方程 $x^3 - 2 = 0$ 有 3 个根 $\sqrt[3]{2}$、$\sqrt[3]{2}\omega$、$\sqrt[3]{2}\omega^2$，且它们都不属于 $\mathbf{Q}$，因此有 3 个真扩域：$\mathbf{Q}(\sqrt[3]{2})$，$\mathbf{Q}(\sqrt[3]{2}\omega)$，$\mathbf{Q}(\sqrt[3]{2}\omega^2)$. $\sqrt[3]{2}\omega$ 的共轭复数是 $\sqrt[3]{2}\bar{\omega} = \sqrt[3]{2}\omega^2$，但 $\sqrt[3]{2}\omega^2 \notin \mathbf{Q}(\sqrt[3]{2}\omega)$，这是因为 $\mathbf{Q}(\sqrt[3]{2}\omega)$ 中一般元按定理 14.2.1 可表为 $a_0 + a_1\sqrt[3]{2}\omega + a_2\sqrt[3]{2^2}\omega^2$，若 $\sqrt[3]{2}\omega^2 \in \mathbf{Q}(\sqrt[3]{2}\omega)$，则有 $a_0 + a_1\sqrt[3]{2}\omega + a_2\sqrt[3]{2^2}\omega^2 = \sqrt[3]{2}\omega^2$，其中 $a_0, a_1, a_2 \in \mathbf{Q}$，从而有 $a_0 = a_1 = 0$，且 $a_2\sqrt[3]{2^2} - \sqrt[3]{2} = 0$. 不过，最后一个等式给出 $a_2 = (\sqrt[3]{2})^{-1} \in \mathbf{Q}$，这就矛盾了. 所以 $\mathbf{Q}(\sqrt[3]{2}\omega)$ 不是复共轭封闭域. 同理，由于 $\sqrt[3]{2}\omega^2$ 的共轭复数 $\sqrt[3]{2}\bar{\omega}^2 = \sqrt[3]{2}\omega \notin \mathbf{Q}(\sqrt[3]{2}\omega^2)$，因此

$\mathbf{Q}(\sqrt[3]{2}\,\omega^2)$ 也不是复共轭封闭域.

设域 F 是复共轭封闭的,且 $\lambda \notin F$ 是 F 上的纯方程 $x^n - c = 0$ 的一个根,其中 $n \in \mathbf{N}^*$, $c \in F$. 记 $\lambda = \sqrt[n]{c}$,则由定理 14.2.1 有纯扩域

$$F(\lambda) = \{a_0 + a_1\lambda + a_2\lambda^2 + \cdots + a_{n-1}\lambda^{n-1} \mid a_0, a_1, \cdots, a_{n-1} \in F\}.$$

(14.10)

按例 14.4.3 所示,$F(\lambda)$ 可能不是复共轭封闭的. 现在考虑 λ 的共轭复数 $\bar{\lambda}$,它是纯方程 $x^n - \bar{c} = 0$ 的一个根. 由于 F 是复共轭封闭的,则由 $c \in F$,得 $\bar{c} \in F$,也即 $x^n - \bar{c} \in F[x]$. 因此 $x^n - \bar{c} \in F(\lambda)[x]$. 我们现在来对 $F(\lambda)$ 添加 $\bar{\lambda}$（参见例 6.3.1）.

若 $\bar{\lambda} \in F(\lambda)$,即 $F(\lambda)$ 已含有 $\bar{\lambda}$,此时 $F(\lambda, \bar{\lambda}) = F(\lambda)$. 因此对于 (14.10) 给出的 $F(\lambda)$ 中的一般元,$a_0 + a_1\lambda + a_2\lambda^2 + \cdots + a_{n-1}\lambda^{n-1}$,有 $\bar{a}_0 + \bar{a}_1\bar{\lambda} + \cdots + \bar{a}_{n-1}\bar{\lambda}^{n-1} \in F(\lambda)$,也即 $F(\lambda)$ 是复共轭封闭的.

若 $\bar{\lambda} \notin F(\lambda)$,此时有真纯扩域

$$F(\lambda, \bar{\lambda}) = \left\{\sum_{j=0}^{n-1} b_j\bar{\lambda}^j \mid b_j \in F(\lambda), j = 0, 1, 2, \cdots, n-1\right\}.$$

(14.11)

由于 $b_j \in F(\lambda)$,则由 (14.10) 有 $b_j = \sum_{i=0}^{n-1} a_{ij}\lambda^i$,其中 $a_{ij} \in F$, $i, j = 0, 1, 2, \cdots, n-1$,因此 $F(\lambda, \bar{\lambda})$ 中的一般元可表示为 $\sum_{j=0}^{n-1}\left(\sum_{i=0}^{n-1} a_{ij}\lambda^i\right)\bar{\lambda}^j$. 由此可知它的复共轭元 $\sum_{j=0}^{n-1}\left(\sum_{i=0}^{n-1}\bar{a}_{ij}\bar{\lambda}^i\right)\lambda^j = \sum_{i=0}^{n-1}\left(\sum_{j=0}^{n-1}\bar{a}_{ij}\lambda^j\right)\bar{\lambda}^i \in F(\lambda, \bar{\lambda})$. 这样就有:

定理 14.4.1   设域 F 是复共轭封闭的,且 $\lambda \notin F$,如果 λ 是 F 上纯方程 $x^n - c = 0$ 的一个根,其中 $n \in \mathbf{N}^*$, $c \in F$,那么扩域 $F(\lambda, \bar{\lambda})$ 是复共轭封闭的.

例 14.4.4   由例 14.2.1 已得出 $f(x) = x^3 - 8 \in \mathbf{Q}[x]$ 的根为 2、2ω、$2\omega^2$,且 $\mathbf{Q}(2) = \mathbf{Q}$; $\mathbf{Q}(\omega) = \mathbf{Q}(\omega^2)$. 因为 $\bar{\omega} = \omega^2$,因此 $\mathbf{Q}(\omega)$ 是复共轭封闭的.

例 14.4.5   从例 14.4.3 已得出 $\sqrt[3]{2}\omega$ 的共轭复数 $\sqrt[3]{2}\omega^2 \notin \mathbf{Q}(\sqrt[3]{2}\omega)$,因此考虑 $\mathbf{Q}(\sqrt[3]{2}\omega)(\sqrt[3]{2}\omega^2)$. 令 $\lambda = \sqrt[3]{2}\omega$, $\bar{\lambda} = \sqrt[3]{2}\omega^2$,对于 $n = 3$,(14.11) 给出 $\mathbf{Q}(\lambda, \bar{\lambda})$ 中的一般元为

$$\sum_{j=0}^{2}\Big(\sum_{i=0}^{2}a_{ij}\lambda^{i}\Big)\bar{\lambda}^{j}=\sum_{j=0}^{2}(a_{0j}\bar{\lambda}^{j}+a_{1j}\lambda\bar{\lambda}^{j}+a_{2j}\lambda^{2}\bar{\lambda}^{j})$$
$$=a_{00}+a_{10}\lambda+a_{20}\lambda^{2}+a_{01}\bar{\lambda}+a_{11}\lambda\bar{\lambda}+a_{21}\lambda^{2}\bar{\lambda}+a_{02}\bar{\lambda}^{2}+a_{12}\lambda\bar{\lambda}^{2}$$
$$+a_{22}\lambda^{2}\bar{\lambda}^{2}.$$

由此容易看出 $\mathbf{Q}(\sqrt[3]{2}\omega,\sqrt[3]{2}\omega^{2})$ 是复共轭封闭的.

为了今后的应用,我们来考虑对域 F 添加 $x^{p}-1=0$ 的根,其中 p 为素数. 首先, $x^{p}-1=0$ 的根为 $1,\zeta,\zeta^{2},\cdots,\zeta^{p-1}$. 对于不同的 p, ζ 是不同的,如 $p=2$ 时, $\zeta=-1$; $p=3$ 时, $\zeta=\omega$. 所以为了把它们区分开来,我们引入更为明确的记号,即采用 ζ_{p},因此 $x^{p}-1=0$ 的根为 $1,\zeta_{p},\zeta_{p}^{2},\cdots,\zeta_{p}^{p-1}$,如 $\zeta_{2}=-1$, $\zeta_{3}=\omega$. 其次,由例 1.4.4 和例 4.3.3 有 $F(\zeta_{p})=F(\zeta_{p}^{2})=\cdots=F(\zeta_{p}^{p-1})$. 另外,由(1.10)可得 $\bar{\zeta}_{p}=\zeta_{p}^{p-1}$,因此,若域 F 是复共轭封闭的,则 $F(\zeta_{p})$ 也是复共轭封闭的.

最后,若 $f(x)$ 在 F 上是不可约的,且 $\deg f(x)=p$,这里 p 是一个素数,则可以证明 $f(x)$ 在扩域 $F(\zeta_{p})$ 上仍是不可约的(参见例 15.2.1),这里先提一下.

第六部分
多项式方程的根式求解、克罗内克定理与鲁菲尼-阿贝尔定理

在这一部分,我们阐明了多项式方程根式求解的含义,给出了根式求解的精确定义.由此引入了多项式 $f(x)$ 的 F 域链和其加细后的 E 域链.依此,我们最终通过对两种可能情况的讨论,证明了 $\mathbf{Q}$ 上奇素数次不可约多项式方程根式可解的必要条件——克罗内克定理以及在代数史上具有里程碑意义的"阿贝尔不可能性定理":一般五次方程是不能根式求解的.

第十五章

关于 F 上不可约多项式在 F 的扩域上可约的两个定理

§15.1 关于 F 上不可约多项式在 F 的扩域上可约的第一个定理

我们现在讨论域 F 上的一个次数为 n 的不可约多项式 $f(x)$，以及域 F 上的一个次数为 q 的不可约多项式 $g(x)$。如果 α 是 $g(x)$ 的 q 个不同根（参见定理 10.4.2）$\alpha_1 = \alpha$，α_2，α_3，$\cdots$，α_q 中的一个，且 $f(x)$ 在 $F(\alpha)$ 上可约，那么我们从中能得出些什么？

首先，由于 $f(x)$ 在 $F(\alpha)$ 上可约，则

$$f(x) = \psi(x, \alpha)\varphi(x, \alpha), \tag{15.1}$$

其中 $\psi(x, \alpha)$，$\varphi(x, \alpha) \in F(\alpha)[x]$，这里由于引入了 α，符号 $\psi(x, \alpha)$、$\varphi(x, \alpha)$ 的意义是明确的。

其次，对任意一个有理数 r，即 $r \in \mathbf{Q} \subseteq F$，定义

$$u(x) = f(r) - \psi(r, x)\varphi(r, x). \tag{15.2}$$

注意其中的 $\psi(r, x)$，$\varphi(r, x)$ 已不含有数 α，且由于 $r \in \mathbf{Q} \subseteq F$，所以 $u(x) \in F[x]$。

再者由(15.1)得

$$f(r) = \psi(r, \alpha)\varphi(r, \alpha), \tag{15.3}$$

因此由(15.2)得

$$u(\alpha) = f(r) - \psi(r, \alpha)\varphi(r, \alpha) = 0. \tag{15.4}$$

这样，F 上不可约多项式 $g(x)$ 的根 α 也是 F 上多项式 $u(x)$ 的根。由此根据推

论 13.4.1 可知 α_2, α_3, $\cdots$, α_q 也是 $u(x)$ 的根,即有

$$u(\alpha_2) = f(r) - \psi(r, \alpha_2)\varphi(r, \alpha_2) = 0,$$
$$u(\alpha_3) = f(r) - \psi(r, \alpha_3)\varphi(r, \alpha_3) = 0,$$
$$\vdots \tag{15.5}$$
$$u(\alpha_q) = f(r) - \psi(r, \alpha_q)\varphi(r, \alpha_q) = 0.$$

考虑到 r 是任一有理数,所以可将(15.4)和(15.5)所示的 q 个等式表示为

$$f(x) - \psi(x, \alpha_1)\varphi(x, \alpha_1) = 0,$$
$$f(x) - \psi(x, \alpha_2)\varphi(x, \alpha_2) = 0,$$
$$f(x) - \psi(x, \alpha_3)\varphi(x, \alpha_3) = 0,$$
$$\vdots \tag{15.6}$$
$$f(x) - \psi(x, \alpha_q)\varphi(x, \alpha_q) = 0,$$

其中 $x \in \mathbf{Q}$. 不过,其中的第一式即是(15.1),它是一个恒等式,即 x 取所有的值,它都成立,而(15.6)中的其他 $q-1$ 个式子到目前为止仅对 $x \in \mathbf{Q}$ 成立.

我们进而来分析一下,比如说其中的第二式,它既然对所有的 $x \in \mathbf{Q}$ 都成立,那么所有的有理数 x 都是下列多项式方程

$$f(x) - \psi(x, \alpha_2)\varphi(x, \alpha_2) = 0 \tag{15.7}$$

的根,因此由例 10.3.1 可知(15.7)的左边是一个零多项式,或

$$f(x) = \psi(x, \alpha_2)\varphi(x, \alpha_2) \tag{15.8}$$

是一个恒等式,即此式与(15.1)一样,也对所有的数都成立. 同理也有其他恒等式. 这就证明了:

定理 15.1.1 设 $f(x)$、$g(x)$ 是 F 上的两个不可约多项式,且 $\deg f(x) = n$, $\deg g(x) = q$,而 $\alpha_1 = \alpha$, α_2, α_3, $\cdots$, α_q 是 $g(x)$ 的 q 个不同的根. 若 $f(x)$ 在 $F(\alpha)$ 上可约,则存在多项式 $\psi(x, \beta)$, $\varphi(x, \beta) \in F(\beta)[x]$ 满足

$$f(x) = \psi(x, \beta)\varphi(x, \beta), \tag{15.9}$$

其中 $\beta = \alpha_j$, $j = 1, 2, \cdots, q$.

§15.2 关于 F 上不可约多项式在 F 的扩域上可约的第二个定理

我们沿用上一节的符号,进而假定 $\deg f(x)$ 是一个素数 p,且 $\deg \psi(x, \alpha) = l$, $\deg \varphi(x, \alpha) = m$. 下面我们来研究 p 与 q 之间的关系.

我们把由(15.9)给出的 q 个恒等式相乘可得

$$f(x)^q = \Psi(x, \alpha, \alpha_2, \cdots, \alpha_q)\Phi(x, \alpha, \alpha_2, \cdots, \alpha_q), \qquad (15.10)$$

其中

$$\Psi(x, \alpha, \alpha_2, \cdots, \alpha_q) = \psi(x, \alpha)\psi(x, \alpha_2)\cdots\psi(x, \alpha_q),$$
$$\Phi(x, \alpha, \alpha_2, \cdots, \alpha_q) = \varphi(x, \alpha)\varphi(x, \alpha_2)\cdots\varphi(x, \alpha_q). \qquad (15.11)$$

我们考虑其中的 $\Psi(x, \alpha, \alpha_2, \cdots, \alpha_q)$. 由(15.11)可知它是 $g(x)$ 的根 α, $\alpha_2, \alpha_3, \cdots, \alpha_q$ 的对称函数. 因此多项式 $\Psi(x, \alpha, \alpha_2, \cdots, \alpha_q)$ 中各单项式,如 $a_i(\alpha, \alpha_2, \alpha_3, \cdots, \alpha_q)x^i \in F(\alpha, \alpha_2, \alpha_3, \cdots, \alpha_q)[x]$ 的系数 $a_i(\alpha, \alpha_2, \alpha_3, \cdots, \alpha_q) \in F(\alpha, \alpha_2, \alpha_3, \cdots, \alpha_q)$ (参见例 6.3.2),它必定是 α, $\alpha_2, \alpha_3, \cdots, \alpha_q$ 的对称多项式,因此由对称多项式的基本定理(参见§12.3)推出的推论 12.3.1 可知 $a_i(\alpha, \alpha_2, \alpha_3, \cdots, \alpha_q) \in F$. 这样 $\Psi(x, \alpha, \alpha_2, \cdots, \alpha_q)$ 就是 F 上的多项式了,即 $\Psi(x, \alpha, \alpha_2, \cdots, \alpha_q) \in F[x]$.

同理, $\Phi(x, \alpha, \alpha_2, \cdots, \alpha_q) \in F[x]$. 于是若令 $\Psi(x) = \Psi(x, \alpha, \alpha_2, \cdots, \alpha_q)$, $\Phi(x) = \Phi(x, \alpha, \alpha_2, \cdots, \alpha_q)$,则(15.10)就变为

$$f(x)^q = \Psi(x)\Phi(x), \ \Psi(x), \Phi(x) \in F[x]. \qquad (15.12)$$

我们把此式的左边 $f(x)^q$ 看成是 $\Psi(x)\Phi(x) \in F[x]$ 在 F 上的因式分解,于是由多项式的唯一因式分解定理 9.5.1,就有

$$\Psi(x) = af(x)^u,$$
$$\Phi(x) = bf(x)^v, \qquad (15.13)$$

其中 $a, b \in F$,且 $ab = 1$. 而 $\deg f(x) = p$, $\deg \psi(x, \alpha) = \deg \psi(x, \alpha_2) = \cdots = \deg \psi(x, \alpha_q) = l$, $\deg \varphi(x, \alpha) = \deg \varphi(x, \alpha_2) = \cdots = \deg \varphi(x, \alpha_q) = m$,则由(15.13)可得

$$lq = up, \quad mq = vp. \tag{15.14}$$

从而有 $p \mid lq$，且 $p \mid mq$。由于 $l < p$，$m < p$（参见(15.1)），则由推论3.3.3有

$$p \mid q. \tag{15.15}$$

我们这就证明了：

定理 15.2.1   设 $f(x)$、$g(x)$ 是域 F 上的 p 次和 q 次不可约多项式，且 p 是一个素数。如果 α 是 $g(x)$ 的一个根，且 $f(x)$ 在 $F(\alpha)$ 上可约，那么 p 是 q 的一个因子。

推论 15.2.1   设 $f(x)$, $g(x) \in F[x]$，$f(x)$ 在 F 上不可约，且 $f(x)$ 的次数是素数 p，而 $g(x)$ 的次数是 q，满足 $q < p$。此时如果 α 是 $g(x)$ 的一个根，那么 $f(x)$ 在 $F(\alpha)$ 上仍不可约。

为了证得这个推论，我们来考虑 $F[x]$ 中以 α 为根的多项式构成的子集合 T。因为 $g(x) \in T$，因此 T 非空，在 T 中取次数最低的多项式 $h(x)$（参见 §13.4），按定义 $h(\alpha) = 0$。其次可证明 $h(x)$ 在 F 上是不可约的。否则的话 $h(x) = p_1(x)p_2(x)$，其中 $p_1(x)$, $p_2(x) \in F[x]$，于是 $p_1(\alpha) = 0$ 或 $p_2(\alpha) = 0$。这就与 $h(x)$ 的最低次性矛盾了。现在针对 $f(x)$、$h(x)$ 这两个不可约多项式应用定理15.2.1可得，若 $f(x)$ 在 $F(\alpha)$ 上可约，则有 $p \mid \deg h(x)$，但 $\deg h(x) \leqslant \deg g(x) = q < p$，这就矛盾了。推论得证。

例 15.2.1   设 $f(x)$ 是 $\mathbf{Q}$ 上的一个不可约多项式，且 $\deg f(x) = p$ 是一个素数，而考虑 $g(x) = x^p - 1$ 的根 $\zeta = \mathrm{e}^{\frac{2\pi}{p}\mathrm{i}}$。由于 $x^p - 1 = (x-1)(x^{p-1} + x^{p-2} + \cdots + x + 1)$。所以，$g(x)$ 在 $\mathbf{Q}$ 上是可约的。再者令 $h(x) = x^{p-1} + x^{p-2} + \cdots + x + 1$，有 $h(\zeta) = 0$，而 $\deg h(x) = p-1 < \deg f(x)$，所以由推论15.2.1可知 $f(x)$ 在 $F(\zeta)$ 上仍不可约。由例1.4.4可知 $F(\zeta) = F(\zeta^2) = \cdots = F(\zeta^{p-1})$，所以 $f(x) \in F[x]$ 在 $g(x) = x^p - 1$ 的任一根 ζ, ζ^2, $\cdots$, ζ^{p-1} 给出的单代数扩域 $F(\zeta)$, $F(\zeta^2)$, $\cdots$, $F(\zeta^{p-1})$ 上都仍不可约。

第十六章

多项式方程的根式求解

§16.1　多项式方程根式可解的含意

我们分别在 §2.2、§2.3 和 §2.5 中得出了二次、三次和四次多项式方程的求根公式:利用这些方程的各系数等,通过有限次的"+"、"−"、"×"、"÷"以及开方运算得出了方程的根. 这就是所谓的多项式方程的根式求解.

举例来说:对于 $f(x) = x^2 + px + q \in \mathbf{Q}[x]$, $p, q \in \mathbf{Q}$, 有求根公式

$$x = \frac{-p \pm \sqrt{p^2 - 4q}}{2}. \tag{16.1}$$

现在我们先用域的术语来说说这里的含意. 由于 $p, q \in \mathbf{Q}$, 还有公式中的数字 2、4 也属于 $\mathbf{Q}$,因此,我们就从域 $\mathbf{Q}$ 开始,在 $\mathbf{Q}$ 中构成 $p^2 - 4q$. 一般来说 $\sqrt{p^2 - 4q} \notin \mathbf{Q}$,但它是纯方程 $x^2 - (p^2 - 4q) = 0$ 的根. 数 $\sqrt{p^2 - 4q}$ 使我们进入了 $\mathbf{Q}$ 的单代数扩域 $\mathbf{Q}(\sqrt{p^2 - 4q})$. 在这个扩域中我们利用域运算"+"、"−"、"×"、"÷"得出了根(16.1). 再者,(16.1)中的"±"号可看成 ±1,它们是纯方程的特殊情况 $x^2 - 1 = 0$,即 1 的 2 次方根. 类似地(2.18)中的 $\varepsilon = 1$、ω、ω^2 同样是 $x^3 - 1 = 0$ 的各根. 由此可见,多项式的根式求解是与域和扩域的概念密切相关的,而这一扩域又是各式纯扩域.

例 16.1.1　$x^5 - 2 \in \mathbf{Q}[x]$ 的根式求解.

按 §1.5 所述,$x^5 - 2 \in \mathbf{Q}[x]$ 的根为 $\sqrt[5]{2}$、$\sqrt[5]{2}\zeta$、$\sqrt[5]{2}\zeta^2$、$\sqrt[5]{2}\zeta^3$、$\sqrt[5]{2}\zeta^4$,其中 $\zeta = \mathrm{e}^{\frac{2\pi}{5}\mathrm{i}} = \cos\frac{2\pi}{5} + \mathrm{i}\sin\frac{2\pi}{5}$. 不过以 $\mathrm{e}^{\frac{2\pi}{5}\mathrm{i}}$, $\cdots$, $\mathrm{e}^{\frac{8\pi}{5}\mathrm{i}}$ 形式表示的解是指数型解,以 $\cos\frac{2\pi}{5} + \mathrm{i}\sin\frac{2\pi}{5}$, $\cdots$, $\cos\frac{8\pi}{5} + \mathrm{i}\sin\frac{8\pi}{5}$ 形式表示的解是三角型解,它们都不是根式解. 如何求得 ζ 的根式解呢?因为 1、ζ、ζ^2、ζ^3、ζ^4 是 1 的 5 次根,以及 $x^5 - 1 = (x-1)(x^4 + x^3 + x^2 + x + 1)$,所以 ζ、ζ^2、ζ^3、ζ^4 应是 $x^4 + x^3 +$

$x^2 + x + 1 = 0$ 的根. 注意到 $x = 0$ 不是此方程的解, 于是此方程与 $x^2 + x + 1 + \dfrac{1}{x} + \dfrac{1}{x^2} = 0$ 同解. 令 $t = x + \dfrac{1}{x}$, 即有 t 应满足的 2 次方程 $t^2 + t - 1 = 0$, 于是是有 $t = \dfrac{1}{2}(-1 \pm \sqrt{5})$. 再解 $x + \dfrac{1}{x} = \dfrac{1}{2}(-1 \pm \sqrt{5})$, 即有

$$\{\zeta, \zeta^2, \zeta^3, \zeta^4\} = \left\{\frac{\sqrt{5} - 1 \pm \sqrt{-2\sqrt{5} - 10}}{4}, \frac{-\sqrt{5} - 1 \pm \sqrt{2\sqrt{5} - 10}}{4}\right\}.$$

最后得到 $x^5 - 2$ 的根式解: $\sqrt[5]{2}$, $\sqrt[5]{2}\,\dfrac{\sqrt{5} - 1 \pm \sqrt{-2\sqrt{5} - 10}}{4}$,

$\sqrt[5]{2}\,\dfrac{-\sqrt{5} - 1 \pm \sqrt{2\sqrt{5} - 10}}{4}$. 这样, 我们就有下列扩域过程: $\mathbf{Q} \to \mathbf{Q}(\sqrt[5]{2})$, 其中 $\sqrt[5]{2}$ 是 $x^5 - 2 = 0$ 的一个根; $\mathbf{Q}(\sqrt[5]{2}) \to \mathbf{Q}(\sqrt[5]{2}, \sqrt{5})$, 其中 $\sqrt{5}$ 是 $x^2 - 5 = 0$ 的一个根; $\mathbf{Q}(\sqrt[5]{2}, \sqrt{5}) \to \mathbf{Q}(\sqrt[5]{2}, \sqrt{5}, \sqrt{-2\sqrt{5} - 10})$, 其中 $\sqrt{-2\sqrt{5} - 10}$ 是 $x^2 - (-2\sqrt{5} - 10) = 0$ 的一个根. 由于 $\sqrt{-2\sqrt{5} - 10} \cdot \sqrt{2\sqrt{5} - 10} = 4\sqrt{5}$, 因此 $\sqrt{2\sqrt{5} - 10} \in \mathbf{Q}(\sqrt[5]{2}, \sqrt{5}, \sqrt{-2\sqrt{5} - 10})$, 即 $x^5 - 2 = 0$ 的所有的根都在扩域 $\mathbf{Q}(\sqrt[5]{2}, \sqrt{5}, \sqrt{-2\sqrt{5} - 10})$ 之中.

§16.2　多项式方程根式可解的精确定义和对讨论情况的一些简化

我们从上一节可以看出多项式方程可根式求解的一些端倪: $f(x) \in F[x]$ (在 F 上) 是根式可解的, 当且仅当存在 F 的一个由不断纯扩张构成的扩域链 $F \subseteq F(\alpha) \subseteq F(\alpha, \beta) \subseteq \cdots \subseteq F(\alpha, \beta, \cdots, \psi)$ 使得 $f(x)$ 的一个根在 $F(\alpha, \beta, \cdots, \psi)$ 之中. 于是 $f(x)$ 的这个根就可以用域 F 中的元, 以及 α, β, $\cdots$, ψ 等通过四则运算 "$+$"、"$-$"、"$\times$"、"$\div$" 表示出来了. 而这些表达式中的数字的各开方运算, 显然都出自于纯扩张, 例如 $F \subseteq F(\alpha)$, 其中 α 为 $x^m - c \in F[x]$ 的一个根 (作为特殊情况, 当 $c = 1$ 时, α 即为一个 1 的 m 次方根). 当然在前面的一些例子里, 我们先是求得了方程的根, 才构建了这些纯扩域的. 而现在则是把整个过程倒过来, 假定这一域链是存在的, 以保证 $f(x)$ 是根式可解的. 于是我们有

定义 16.2.1　域 F 上的不可约 n 次方程 $f(x)=0$ 是根式可解的,当且仅当存在下列 F 的一个扩域链:

$$F_0 = F \subseteq F_1 = F_0(\alpha_1) \subseteq F_2 = F_1(\alpha_2) \subseteq \cdots \subseteq F_r = F_{r-1}(\alpha_r).$$

$$(16.2)$$

使得 $f(x)$ 的一个根 ω 在 F_r 中. 其中 F_{i+1} 是 F_i 的纯扩域,也即 $F_{i+1} = F_i(\alpha_{i+1})$, 而 α_{i+1} 是 $x^{n+1} - c_{i+1} = 0 (c_{i+1} \in F_i, i = 0, 1, \cdots, r-1)$ 的一个根. F 的这一扩域链称为 $f(x)$ 的一个根式扩链.

这里 $\omega \in F_r$ 表明 $f(x)$ 在 F_r 上有 1 次因式,或线性因式 $x - \omega$,因此 $f(x)$ 在 F_r 上是可约的. 下面我们针对要讨论的情况作出一些简化.

对 $f(x)$ 的简化:

(i) 研究 **Q** 上的首 1 的不可约多项式 $f(x)$,因而(16.2)中 $F_0 = $ **Q**.

(ii) $\deg f(x) = n$ 是一个"奇素数". 讨论奇素数次多项式是因为对于 **R**($\supset$**Q**)上的奇次多项式,我们有推论 11.1.1——它至少有一个实根. 而对于素数,无论是素整数,还是素数次多项式,我们都有许多定理可供使用. 奇素数次多项式既包含了我们感兴趣的 5 次多项式,又排除了 2 次多项式(参见例 3.2.1)这一浅显的情况.

对(16.2)所示的根式扩链——F 域链的简化:

(i) 由 §14.3 所述,任意纯扩张都可以归结为一系列的素数 p 型的纯扩张,所以定义 16.2.1 中的各扩张可限制于 F_{i+1} 是 F_i 的素数 p 型的纯扩张 $i = 0, 1, 2, \cdots, r-1$.

(ii) 例如说,$F_1 = F_0(\alpha_1)$. 若 $\alpha_1 \in F_0$,则 $F_1 = F_0$,即此时不是真扩张. 所以要得到真扩张应有 $\alpha_1 \notin F_0$ 的情况. 对于 $\alpha_2, \alpha_3, \cdots, \alpha_r$ 也有同样的结论. 于是我们就限于讨论真扩域.

§16.3　$f(x)$ 根式扩链的加细

我们来讨论(16.2)所示的,经简化后的 $f(x)$ 的 F 域链

$$F_0 = F \subseteq F_1 = F_0(\alpha_1) \subseteq F_2 = F_1(\alpha_2) \subseteq \cdots \subseteq F_r = F_{r-1}(\alpha_r), \ \omega \in F_r.$$

$$(16.3)$$

其中 α_i 是 $x^{p_i} - c_i = 0$ 的根,$c_i \in F_{i-1}$,p_i 是素数,$i = 1, 2, \cdots, r$.

我们再对它进行加细. 先从 $F_0 = \mathbf{Q}$ 开始,引入

$$E_{-1} = F_0(\zeta_n), \tag{16.4}$$

这里 ζ_n 是 $x^n - 1 = 0$ 的根 ζ_n (参见 §14.4 及 §16.2),其中 $n = \deg f(x)$. 这样一来,今后的扩域中都含有 1 的 n 次方根. 由例 15.2.1 的结果可得,原来在 $\mathbf{Q}$ 上不可约的 $f(x)$ 在 E_{-1} 上仍不可约.

其次,引入

$$E_0 = E_{-1}(\zeta_{p_1}, \zeta_{p_2}, \cdots, \zeta_{p_r}). \tag{16.5}$$

从 E_{-1} 扩张到 E_0 可逐个添加 $\zeta_{p_1}, \zeta_{p_2}, \cdots, \zeta_{p_r}$ 而得到,而 $\zeta_n, \zeta_{p_1}, \zeta_{p_2}, \cdots, \zeta_{p_r}$ 都有根式表达式(参见 §2.6).

接下来针对 $F_1 = F_0(\alpha_1)$,引入

$$E_1 = E_0(\alpha_1, \bar{\alpha}_1). \tag{16.6}$$

针对 $F_2 = F_1(\alpha_2)$,引入 $E_2 = E_1(\alpha_2, \bar{\alpha}_2)$,以此类推,有:

$$E_2 = E_1(\alpha_2, \bar{\alpha}_2), \cdots, E_{r-1} = E_{r-2}(\alpha_{r-1}, \bar{\alpha}_{r-1}), E_r = E_{r-1}(\alpha_r, \bar{\alpha}_r). \tag{16.7}$$

同样,从 E_0 扩张到 E_1 可逐个添加 α_1、$\bar{\alpha}_1$ 而得到,对 $E_2, \cdots, E_r$ 也有同样情况(参见 §14.4). 从而得出由(16.3)加细而成的下列 E 域链

$$E_{-1} \subseteq E_0 \subseteq E_1 \subseteq \cdots \subseteq E_r. \tag{16.8}$$

对此我们注意到:

(i) 如果 $f(x)$ 根式可解,即存在(16.3)的根式扩链,那么一定能构造出(16.8)的加细根式扩链. 因为 $F_r \subseteq E_r$,若 $f(x)$ 的根 $\omega \in F_r$,则必有 $\omega \in E_r$.

(ii) 由 $\mathbf{Q}$ 是复共轭封闭的,可知 $E_{-1}, E_0, E_1, \cdots, E_{r-1}$ 都是复共轭封闭的(参见定理 14.4.1).

(iii) 我们举例来说明下列结果:例如对于(16.8)中的 $E_2 = E_1(\alpha_2, \bar{\alpha}_2)$,若 $\alpha_2 \in E_1$,则对 E_1 添加 α_2 并不是真添加;若 $\alpha_2 \notin E_1$,则由于 $\zeta_{p_2} \in E_1$,可知 $x^{p_2} - c_2 = 0$ 所有的根 $\alpha_2, \alpha_2\zeta_{p_2}, \cdots, \alpha_2\zeta_{p_2}^{p_2-1}$ 都不属于 E_1. 于是由定理 13.3.1——阿贝尔引理可知 $x^{p_2} - c_2 = 0$ 在 E_1 上是不可约的. 类似地,对 $\bar{\alpha}_2$ 也有同样结果. 由此真添加必由不可约的纯方程的根给出.

§16.4　$f(x)$ 达到可约的两种情况

由于 $f(x)$ 在 E_{-1} 上是不可约的,而 $\omega \in E_r$,即 $f(x)$ 在 E_r 上有线性因式 $x - \omega$,当然 $f(x)$ 在 E_r 上也就可约了.这表明 $f(x)$ 在 (16.8) 所示的扩域过程中一定经历了从不可约到可约这一过程.不过 (16.8) 所示的 E 域链比 (16.2) 所示的 F 域链"内容更丰富",因为其中包含了 ζ_n,ζ_{p_1},$\cdots$,ζ_{p_r} 以及 $\bar{\alpha}_1$,$\bar{\alpha}_2$,$\cdots$,$\bar{\alpha}_r$,所以有可能在 E_r 前的一些域中已出现 $f(x)$ 的根 ω 了.根据这一点,我们分两步走:先来考虑 $f(x)$ 从不可约到可约的这一扩域添加过程,再回过来考虑根 ω 带来的情况.

我们的出发点是 $f(x)$ 在 E_{-1} 上不可约.若 $f(x)$ 在 $E_{-1}(\zeta_{p_1})$ 上可约了,则记 $E_{m-1} = E_{-1}$,于是 $f(x)$ 在 E_{m-1} 仍不可约,而在 E_{m-1} 添加了 ζ_{p_1} 得出的 $E_m = E_{m-1}(\zeta_{p_1})$ 上 $f(x)$ 可约了.

同样可以考虑添加 ζ_{p_2},ζ_{p_3},$\cdots$,ζ_{p_r} 的情况.

如果 $f(x)$ 在 $E_0 = E_{-1}(\zeta_{p_1}, \zeta_{p_2}, \cdots, \zeta_{p_r})$ 上仍不可约,那么接下来就要讨论 (16.8) 中的 $E_1 = E_0(\alpha_1, \bar{\alpha}_1)$,这时会出现以下两种情况:

情况 I:如果 $f(x)$ 在 $E_0(\alpha_1)$ 上可约,那么此时记 $E_{m-1} = E_0$,$f(x)$ 在 E_0 添加 α_1 后构成的 $E_m = E_{m-1}(\alpha_1)$ 上可约,此时在 E_m 前面的 E_{-1},$E_{m-1} = E_0$ 都是复共轭封闭的.

情况 II:如果 $f(x)$ 在 $E_0(\alpha_1)$ 上仍不可约,而在 $E_1 = E_0(\alpha_1, \bar{\alpha}_1)$ 上可约了,那么我们把 E_0 扩张成 $E_0(\alpha_1)$,再扩张成 $E_0(\alpha_1, \bar{\alpha}_1)$ 的这一过程换成 $E_0 \to E_0(\alpha_1 \bar{\alpha}_1) \to E_0(\alpha_1 \bar{\alpha}_1)(\alpha_1) = E_0(\alpha_1, \bar{\alpha}_1)$ 来考虑.

此时又会有两种情况出现:若 $f(x)$ 在 $E_0(\alpha_1 \bar{\alpha}_1)$ 上是可约的,则记 $E_{m-1} = E_0$,而 $f(x)$ 在 E_0 添加了 $\alpha_1 \bar{\alpha}_1$ 后构成的 $E_m = E_{m-1}(\alpha_1 \bar{\alpha}_1)$ 上可约了.此情况就是情况 I,而且 E_{m-1} 是复共轭封闭的;若 $f(x)$ 在 $E_0(\alpha_1 \bar{\alpha}_1)$ 上仍不可约,而直到 $E_0(\alpha_1 \bar{\alpha}_1)(\alpha_1)$ 上才可约,此时记 $E_{m-1} = E_0(\alpha_1 \bar{\alpha}_1)$,$f(x)$ 在 $E_m = E_{m-1}(\alpha_1)$ 上可约.E_m 是在 E_{m-1} 上添加了一个元 α_1 而形成的.考虑到 $\alpha_1 \bar{\alpha}_1 \in \mathbf{R}$,则 E_{m-1} 是复共轭封闭的.如果还需要继续添加 α_2,α_3,$\cdots$ 才能使得 $f(x)$ 可约的话,我们类似地可以讨论 $E_1(\alpha_2, \bar{\alpha}_2)$,$E_2(\alpha_3, \bar{\alpha}_3)$,$\cdots$.

所以不管是情形 I 还是情形 II,我们都可以合理地假设 $f(x)$ 在 (16.8) 给出的某个 E_{m-1} 上仍不可约,而在 E_{m-1} 的扩域 E_m 上可约了,这里 $E_m =$

$E_{m-1}(\lambda)$，其中 λ 是在 E_{m-1} 上不可约多项式 x^l-c 的一个根，记作 $\lambda=\sqrt[l]{c}$，l 是素数，且 $c\in E_{m-1}$（参见 §16.3 中的(iii)），此时 E_{m-1} 是复共轭封闭的.

在 §16.9 中，我们将具体地得出上述两种情况.

§16.5 证明"阿贝尔不可能性定理"的思路

在前一节中，我们从多项式方程 $f(x)$ 的根式可解导出了此时必定存在一个(16.8)所示的 E 域链，而在上一节中我们又对在 E_{-1}，E_0，E_1，…，E_{m-1} 上都不可约的 $f(x)$，在 E_m 上可约了的添加过程进行了研究.

所有这些反过来必会对 $f(x)$ 提出一些条件. 在下面的几节中，我们将逐步阐明和证明克罗内克定理（参见 §16.12），它对次数为奇素数，且在 $\mathbf{Q}$ 上不可约的根式可解方程 $f(x)=0$ 提出了一些必要条件.

因此，如果我们能找到一个具体的五次方程，使它在 $\mathbf{Q}$ 上不可约，而且不满足克罗内克定理的要求，那么它就肯定不能根式可解了. 既然这个具体的五次方程不可根式求解，那么一般的五次方程也就不可根式求解了.

于是假定 $f(x)$ 是一个不可根式求解的五次多项式，则六次多项式 $(x-1)f(x)$ 也必定不可根式求解. 这就说明一般的六次方程也不可根式求解，以此类推就有：高于四次的多项式方程一般不能根式求解——这就是著名的"阿贝尔不可能性定理"，或"鲁菲尼-阿贝尔定理".

§16.6 $f(x)$ 可约给出的一些结果

在这一节中，我们按 $f(x)$ 在由(16.8)的 E 域链给出的 E_{-1}，E_0，E_1，…，E_{m-1} 上不可约，而在 E_{m-1} 添加了 λ 而构成的扩域 $E_m=E_{m-1}(\lambda)$ 上可约的这一假定，看看能得到些什么结论.（参见 §16.4）

注意 λ 是 E_{m-1} 上不可约的多项式 x^l-c 的一个根，其中 l 是素数，且 $c\in E_{m-1}$（参见 §16.3 中的(iii)）.

首先我们对 $f(x)$ 与 x^l-c 应用定理 15.2.1，而得出 $n\mid l$. 因为 n 和 l 都是素数，所以有 $l=n$.

接下来根据 $f(x)$ 在 E_m 上可约，即有

$$f(x)=\psi(x,\lambda)\varphi(x,\lambda)\chi(x,\lambda)\cdots,\tag{16.9}$$

其中 $\psi(x,\lambda)$，$\varphi(x,\lambda)$，$\chi(x,\lambda)$，$\cdots$ 都是 $E_m[x]$ 中的不可约多项式,其各系数由 E_{m-1} 中的数以及 λ 给出.

如果我们把 x^l-c，在 $l=n$ 时给出的 n 个根记为

$$\lambda_0=\lambda,\ \lambda_1=\lambda\zeta_n,\ \lambda_2=\lambda\zeta_n^2,\ \cdots,\ \lambda_{n-1}=\lambda\zeta_n^{n-1}, \tag{16.10}$$

于是由 $\psi(x,\lambda)$，$\varphi(x,\lambda)$，$\chi(x,\lambda)$，$\cdots$ 可定义

$$\psi(x,\lambda_v),\ \varphi(x,\lambda_v),\ \chi(x,\lambda_v),\ \cdots,\ v=1,2,\cdots,n-1. \tag{16.11}$$

在(16.9)中,把 $\varphi(x,\lambda)\chi(x,\lambda)\cdots$ 看成是 $\varphi'(x,\lambda)$,则由定理 15.1.1 的证明可得

$$f(x)=\psi(x,\lambda_v)\varphi(x,\lambda_v)\chi(x,\lambda_v),\ \cdots,\ v=0,1,2,\cdots,n-1. \tag{16.12}$$

或者说

$$\psi(x,\lambda_v)\mid f(x),\ \varphi(x,\lambda_v)\mid f(x),\ \chi(x,\lambda_v)\mid f(x),\ \cdots,$$
$$v=0,1,2,\cdots,n-1. \tag{16.13}$$

§16.7　多项式 $\psi(x,\lambda_v)$ 的两个性质

由 $\lambda\in E_m$,且 $\zeta_n\in E_m$,因此 $\lambda_v\in E_m$，$v=0,1,2,\cdots,n-1$. 于是上节定义的 n 个多项式 $\psi(x,\lambda_0)$，$\psi(x,\lambda_1)$，$\cdots$，$\psi(x,\lambda_{n-1})\in E_m[x]$,对于它们有下列两个性质:

(i) 每一个 $\psi(x,\lambda_v)$，$v=0,1,2,\cdots,n-1$ 在 E_m 上都是不可约的.

我们已知的是 $\psi(x,\lambda_0)$ 在 E_m 上是不可约的. 我们用反证法来证明,其他的每一个多项式在 E_m 上也是不可约的.

比如说,假定 $\psi(x,\lambda_1)$ 在 E_m 上是可约的,因此存在 $u(x,\lambda_1)$ 和 $v(x,\lambda_1)$,使得

$$\psi(x,\lambda_1)=u(x,\lambda_1)v(x,\lambda_1). \tag{16.14}$$

此式与(15.1)形式相似,所以可以使用 §15.1 所采用的方法:

对任意 $r\in\mathbf{Q}$ 定义:

$$\omega(x)=\psi(r,x)-u(r,x)v(r,x). \tag{16.15}$$

这时由于在多项式 $\psi(r, x)$、$u(r, x)$、$v(r, x)$ 中已无 λ_1 出现,所以 $\omega(x) \in E_{m-1}[x]$. 另外从(16.14)有

$$\omega(\lambda_1) = \psi(r, \lambda_1) - u(r, \lambda_1)v(r, \lambda_1) = 0. \tag{16.16}$$

因此 E_{m-1} 上的不可约多项式 $x^n - c = 0$ 的根 λ_1 也是 $E_{m-1}[x]$ 上多项式 $\omega(x)$ 的根,所以由推论 13.4.1 可知 $x^n - c = 0$ 的根 λ_0 也是 $\omega(x)$ 的根,即有

$$\omega(\lambda_0) = \psi(r, \lambda_0) - u(r, \lambda_0)v(r, \lambda_0) = 0. \tag{16.17}$$

考虑到 r 是任意有理数,即有下列恒等式(参见 §15.1):

$$\psi(x, \lambda_0) = u(x, \lambda_0)v(x, \lambda_0). \tag{16.18}$$

因为 λ_0, $\lambda_1 \in E_m$,所以这与 $\psi(x, \lambda_0)$ 在 E_m 是不可约的相矛盾了.

因此 n 个多项式 $\psi(x, \lambda_0)$, $\psi(x, \lambda_1)$, $\cdots$, $\psi(x, \lambda_{n-1})$ 在 E_m 上都是不可约的.

(ii) n 个多项式 $\psi(x, \lambda_v)$, $v = 0, 1, 2, \cdots, n-1$ 是两两不相等的.

我们也用反证法来证明这一命题,即假定有 $\psi(x, \lambda_s) = \psi(x, \lambda_t)$,其中 $s, t = 0, 1, 2, \cdots, n-1$, $s \neq t$. 由于 $\lambda_s = \lambda\zeta_n^s$, $\lambda_t = \lambda\zeta_n^t$,则

$$\psi(x, \lambda_s) - \psi(x, \lambda_t) = \psi(x, \lambda\zeta_n^s) - \psi(x, \lambda\zeta_n^t) = 0. \tag{16.19}$$

如同以前的做法一样,对于 $r \in \mathbf{Q}$,定义:

$$g(x) = \psi(r, x\zeta_n^s) - \psi(r, x\zeta_n^t). \tag{16.20}$$

因为其中已无 λ,所以 $g(x)$ 是 E_{m-1} 上的一个多项式,且 $g(\lambda) = 0$. 而 λ 同时是 E_{m-1} 上不可约多项式 $x^n - c = 0$ 的一个根,因此由推论 13.4.1 可知 $\lambda\zeta_n^{n-s}$ 也是 $g(x)$ 的一个根,即有

$$g(\lambda\zeta_n^{n-s}) = \psi(r, \lambda\zeta_n^{n-s}\zeta_n^s) - \psi(r, \lambda\zeta_n^{n-s}\zeta_n^t) = 0. \tag{16.21}$$

由于 r 的任意性(参见 §15.1),即有恒等式

$$\psi(x, \lambda) = \psi(x, \lambda\zeta_n^{t-s}). \tag{16.22}$$

我们把由(16.19): $\psi(x, \lambda_s) = \psi(x, \lambda_t)$,即 $\psi(x, \lambda\zeta_n^s) = \psi(x, \lambda\zeta_n^t)$ 导出了 (16.22)这一事实,表述为:在 $\psi(x, \lambda\zeta_n^s) = \psi(x, \lambda\zeta_n^t)$ 中,对其中的 λ 代以 $\lambda\zeta_n^{n-s}$,恒等式仍成立.

令 $h = \zeta_n^{t-s}$,则(16.22)可写成

$$\psi(x, \lambda) = \psi(x, \lambda h). \tag{16.23}$$

显然 $h \in G_n$，且 $G_n = \langle h \rangle$（参见例 1.4.4，和例 4.3.3）. 类似地，在 (16.23) 中的 λ 代以 λh，就有

$$\psi(x, \lambda h) = \psi(x, \lambda h^2). \tag{16.24}$$

再将其中的 λ 代以 λh 就有

$$\psi(x, \lambda h^2) = \psi(x, \lambda h^3). \tag{16.25}$$

以此类推就有 $\psi(x, \lambda h^3)$，$\cdots$，$\psi(x, \lambda h^{n-1})$，且

$$\psi(x, \lambda) = \psi(x, \lambda h) = \cdots = \psi(x, \lambda h^{n-1}). \tag{16.26}$$

于是最后就有

$$\psi(x, \lambda) = \frac{\psi(x, \lambda) + \psi(x, \lambda h) + \cdots + \psi(x, \lambda h^{n-1})}{n}. \tag{16.27}$$

我们现在来分析 (16.27) 两边的多项式的情况. 左边的多项式 $\psi(x, \lambda)$ 是 E_m 上的不可约多项式，而右边的多项式对 λ，λh，$\cdots$，λh^{n-1} 是对称的，于是根据类似于 §15.2 的分析，可知：右边的 x 的各单项式的系数必定是 $x^n - c$ 的根 λ，λh，$\cdots$，λh^{n-1} 的对称多项式，因此由对称多项式的基本定理可知它们必定由 E_{m-1} 中的数以及 $\sigma_n = c \in E_{m-1}$ 构成（参见推论 12.3.1，以及例 10.5.2）. 因此 (16.27) 的右边就是 E_{m-1} 上的多项式了. 这样就有矛盾了.

因此，n 个多项式 $\psi(x, \lambda_v)$，$v = 0, 1, 2, \cdots, n-1$ 是两两不相等的.

§16.8　$f(x)$ 在 E_m 上分解为线性因式的乘积

由上一节，我们就有 n 个在 E_m 上不可约的，又两两不相等的多项式 $\psi(x, \lambda_v) = \psi(x, \lambda \zeta_n^v)$，$v = 0, 1, 2, \cdots, n-1$（参见 §16.6）. 由此定义

$$\Psi(x) = \psi(x, \lambda) \psi(x, \lambda \zeta_n) \cdots \psi(x, \lambda \zeta_n^{n-1}). \tag{16.28}$$

于是由 $\psi(x, \lambda_v) \mid f(x)$，$v = 0, 1, \cdots, n-1$（参见 (16.13)），可得 $\Psi(x) \mid f(x)$，因此有

$$f(x) = \Psi(x) \cdot \Phi(x). \tag{16.29}$$

而由 (16.28) 表明，$\Psi(x)$ 是 $x^n - c$ 的根的对称多项式. 利用我们现在已

很熟悉的对称性分析(参见§15.2和§16.7),不难得出 $\Psi(x)$ 是 E_{m-1} 上的多项式. 再从 $f(x) \in \mathbf{Q}[x] \subseteq E_{m-1}[x]$,由(16.29)可知 $\Phi(x)$ 也是 E_{m-1} 上的多项式. 于是(16.29)就是 $f(x)$ 在 E_{m-1} 上的一个因式分解. 而我们假定 $f(x)$ 在 E_{m-1} 上是不可约的(参见§16.6),那么只能得出 $\Phi(x) = 1$.

这就推导出了

$$f(x) = \Psi(x) = \psi(x, \lambda)\psi(x, \lambda\zeta_n)\cdots\psi(x, \lambda\zeta_n^{n-1}). \qquad (16.30)$$

我们最初只是假定 $f(x)$ 在 E_{m-1} 上不可约,而在 $E_m = E_{m-1}(\lambda)$ 上可约,但是我们由此却推导得出:$f(x)$ 在 E_m 上不仅是可约的,而且还可以分解为 n 个不同的因式. 再者由这些 $\psi(x, \lambda\zeta_n^v)$, $v = 0, 1, 2, \cdots, n-1$ 的构成,以及 $\deg f(x) = n$,可知 $\deg \psi(x, \lambda\zeta_n^v) = 1$, $v = 0, 1, 2, \cdots, n-1$. 因此 $f(x)$ 在 E_m 上必定能分解为线性因式的乘积.

§16.9　$f(x)$ 的根在 E_m 中的表示

因为 $f(x)$ 在 E_{m-1} 上是不可约的,因此由定理10.4.2可知它无重根,故设 $f(x)$ 的根为 $\omega = \omega_0, \omega_1, \omega_2, \cdots, \omega_{n-1}$,则有(参见(10.9))

$$f(x) = (x-\omega)(x-\omega_1)\cdots(x-\omega_{n-1}). \qquad (16.31)$$

比较(16.30)与(16.31),不失一般性有

$$x - \omega_u = \psi(x, \lambda\zeta_n^u) = \psi(x, \lambda_u), \quad u = 0, 1, 2, \cdots, n-1. \qquad (16.32)$$

于是首先从 $x - \omega = \psi(x, \lambda) \in E_m[x]$, $E_m = E_{m-1}(\lambda)$,那么 $\omega \in E_{m-1}(\lambda)$. 其次利用§14.2中的单代数扩域的结构定理,有

$$\omega = \omega_0 = k_0 + k_1\lambda + k_2\lambda^2 + \cdots + k_{n-1}\lambda^{n-1}, \qquad (16.33)$$

其中 $k_i \in E_{m-1}$, $i = 0, 1, 2, \cdots, n-1$.
于是

$$x - \omega = x - (k_0 + k_1\lambda + k_2\lambda^2 + \cdots + k_{n-1}\lambda^{n-1}) = \psi(x, \lambda), \qquad (16.34)$$

因此

$$x - \omega_u = \psi(x, \lambda_u) = x - (k_0 + k_1\lambda_u + k_2\lambda_u^2 + \cdots + k_{n-1}\lambda_u^{n-1}).$$

$$(16.35)$$

而对于 $u = 1, 2, \cdots, n-1$，这就给出

$$\omega_1 = k_0 + k_1\lambda_1 + k_2\lambda_1^2 + \cdots + k_{n-1}\lambda_1^{n-1},$$
$$\omega_2 = k_0 + k_1\lambda_2 + k_2\lambda_2^2 + \cdots + k_{n-1}\lambda_2^{n-1},$$
$$\vdots$$
$$\omega_{n-1} = k_0 + k_1\lambda_{n-1} + k_2\lambda_{n-1}^2 + \cdots + k_{n-1}\lambda_{n-1}^{n-1}, \tag{16.36}$$

其中 $k_i \in E_{m-1}$，$i = 0, 1, 2, \cdots, n-1$，而且 E_{m-1} 是复共轭封闭域. 由于 $\mathbf{Q}$ 上的多项式 $f(x)$ 是奇数次的，因此它至少有一个实根(参见推论 11.1.1).

不失一般性，设 $\omega \in \mathbf{R}$，因此

$$\omega = k_0 + k_1\lambda + k_2\lambda^2 + \cdots + k_{n-1}\lambda^{n-1}, \ \omega = \bar{\omega}, \tag{16.37}$$

那么 $f(x)$ 的剩下的 $n-1$ 个根又会是怎样的?

为此我们再讨论 c，即 $\lambda = \sqrt[n]{c}$ 中的 c，也即 E_{m-1} 上不可约多项式 $x^n - c$ 的常数项 c. 此时得分清下列两种情况：

情况 A：c 是实数，即 $c \in \mathbf{R}$；

情况 B：c 是非实复数，即 $c \in \mathbf{C} - \mathbf{R}$.

它们正好对应 §16.4 中所示的两种情况，这就是下面两节所要阐明的.

§16.10　对情况 A 的讨论

此时 λ 是 $x^n - c = 0 (c \in \mathbf{R})$ 的根，而由它添加到 E_{m-1} 中而构成 $E_m = E_{m-1}(\lambda)$. 注意到(16.4)，即 $\zeta_n \in E_{-1}$，以及 $E_{-1} \subseteq E_{m-1}$，所以 $E_m = E_{m-1}(\lambda) = E_{m-1}(\lambda\zeta_n) = \cdots = E_{m-1}(\lambda\zeta_n^{n-1})$，也即 $\lambda, \lambda\zeta_n, \cdots, \lambda\zeta_n^{n-1}$ 同存于 E_m 之中，因此，对 E_{m-1} 添加它们中的任意一个都给出同样的 E_m，所以不失一般性，可取 $\lambda = \sqrt[n]{c} \in \mathbf{R}$. 这样，由(16.37)就有

$$\omega = k_0 + k_1\lambda + \cdots + k_{n-1}\lambda^{n-1} = \bar{\omega} = \bar{k}_0 + \bar{k}_1\lambda + \cdots + \bar{k}_{n-1}\lambda^{n-1}. \tag{16.38}$$

由 $k_i \in E_{m-1}$，及 E_{m-1} 是复共轭封闭的，知 $\bar{k}_i \in E_{m-1}$，$i = 0, 1, 2, \cdots, n-1$. 由(16.38)可得等式

$$(\bar{k}_0 - k_0) + (\bar{k}_1 - k_1)\lambda + \cdots + (\bar{k}_{n-1} - k_{n-1})\lambda^{n-1} = 0, \tag{16.39}$$

其中 $(\bar{k}_i - k_i) \in E_{m-1}$，$i = 0, 1, 2, \cdots, n-1$. 这说明 E_{m-1} 上 n 次不可约方

程 $x^n - c = 0$ 的根 λ,也是 E_{m-1} 上 $(n-1)$ 次方程

$$(\bar{k}_0 - k_0) + (\bar{k}_1 - k_1)x + \cdots + (\bar{k}_{n-1} - k_{n-1})x^{n-1} = 0 \qquad (16.40)$$

的根. 因此由推论 13.4.2 可知(16.40)左边的多项式是零多项式,即有 $k_i = \bar{k}_i$,或 $k_i \in \mathbf{R}$,$i = 0, 1, 2, \cdots, n-1$. 这一点使我们能推出 $\bar{\omega}_u = \omega_{n-u}$,即 ω_u 与 ω_{n-u}($u = 1, 2, \cdots, n-1$) 互为共轭复数. 事实上,由(16.36)有

$$\omega_u = k_0 + k_1\lambda_u + k_2\lambda_u^2 + \cdots + k_{n-1}\lambda_u^{n-1}, \qquad (16.41)$$

$$\omega_{n-u} = k_0 + k_1\lambda_{n-u} + k_2\lambda_{n-u}^2 + \cdots + k_{n-1}\lambda_{n-u}^{n-1}, \qquad (16.42)$$

因此

$$\bar{\omega}_u = k_0 + k_1\bar{\lambda}_u + k_2\bar{\lambda}_u^2 + \cdots + k_{n-1}\bar{\lambda}_u^{n-1}, \qquad (16.43)$$

其中 $u = 1, 2, \cdots, n-1$.

而 $\lambda_u = \lambda\zeta_n^u$,$\lambda_{n-u} = \lambda\zeta_n^{n-u}$,$\zeta_n^u \cdot \zeta_n^{n-u} = 1 = \zeta_n^u\bar{\zeta}_n^u$,$\lambda = \bar{\lambda}$,则 $\bar{\lambda}_u = \bar{\lambda}\,\bar{\zeta}_n^u = \lambda\zeta_n^{n-u} = \lambda_{n-u}$. 比较(16.43)与(16.42)可得 ω_u 与 ω_{n-u} 互为共轭复数,即 ω_1 与 ω_{n-1},ω_2 与 ω_{n-2},$\cdots$ 互为共轭复数.

这样,我们就得出:在 $\mathbf{Q}$ 上不可约的,次数为奇素数的多项式 $f(x)$,如果能根式可解,那么在情况 A 之下,它具有一个实根,以及 $\dfrac{n-1}{2}$ 对复共轭根. (参见 §11.1)

§16.11　对情况 *B* 的讨论

这里的情况所讨论的是多项式 $f(x)$ 在域 E_{m-1} 上不可约,而在 E_{m-1} 的扩域 $E_m = E_{m-1}(\lambda)$ 可约了,这里 λ 是 E_{m-1} 上不可约多项式 $x^n - c$ 的一个根,其中 $c \in \mathbf{C} - \mathbf{R}$.

针对这一情况,为了得出有用的结论,我们如下进行:(图 16.11.1)

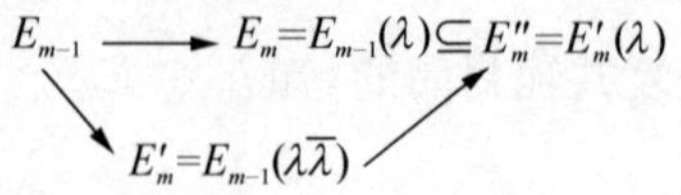

图 16.11.1

针对 λ,考虑 $\Lambda = \lambda\bar{\lambda}$,它是 $x^n - c\bar{c} = 0$ 的根. 因为 $c \in E_{m-1}$,且 E_{m-1} 是复共轭

封闭的,所以 $\bar{c} \in E_{m-1}$,因此 $x^n - c\bar{c} \in E_{m-1}[x]$. 由此有单代数扩域 $E'_m = E_{m-1}(\Lambda)$. 在此基础上,再作扩域 $E''_m = E'_m(\lambda)$. 因为 $E''_m \supseteq E_m$,所以 $f(x)$ 在 E''_m 上肯定是可约的. 于是针对 $f(x)$ 在 E'_m 上是可约的,还是不可约的,就给出了下列两种情况.

如果 $f(x)$ 在 $E'_m = E_{m-1}(\Lambda)$ 上是可约的,由于 $\Lambda \in \mathbf{R}$,我们就有了已讨论过的情况 A 了. 所以,下面我们讨论 $f(x)$ 在 E'_m 上仍不可约的情况. 我们已知的是 $f(x)$ 在 $E''_m = E'_m(\lambda)$ 上可约,且 E'_m 上添加的是 E_{m-1} 上不可约的多项式 $x^n - c$ 的根 λ. 注意,现在 λ 是添加到域 E'_m 上去,而不是添加到 E_{m-1} 上去. 因此我们现在先要解决的一个问题是:如果 $x^n - c$ 是 E_{m-1} 上的不可约多项式,那么它是否也是在其扩域 E'_m 上的不可约多项式?

如果 $x^n - c$ 的根 $\lambda \in E'_m$,那么由 $E'_m \supseteq E_{m-1}$,$E_m = E_{m-1}(\lambda)$ 可知 $E'_m = E'_m(\lambda) \supseteq E_{m-1}(\lambda) = E_m$,即 $E'_m \supseteq E_m$,那么 $f(x)$ 在 E'_m 上可约了. 这与我们的假设矛盾. 所以 $\lambda \notin E'_m$,而且由于 $\zeta_n, \zeta_n^2, \cdots, \zeta_n^{n-1} \in E'_m$(参见(16.4)),可知 $x^n - c$ 的根都不属于 E'_m. 于是由定理 13.3.1——阿贝尔引理可知 $x^n - c$ 在 E'_m 上不可约.

有了这些准备,我们回到(16.37),即

$$\omega = k_0 + k_1\lambda + k_2\lambda^2 + \cdots + k_{n-1}\lambda^{n-1},\ \omega = \bar{\omega} \qquad (16.44)$$

上来,这里 $k_i \in E_{m-1} \subseteq E'_m$. 由 $\bar{\lambda} = \dfrac{\Lambda}{\lambda}$,可得

$$\bar{\omega} = \bar{k}_0 + \bar{k}_1\left(\frac{\Lambda}{\lambda}\right) + \bar{k}_2\left(\frac{\Lambda}{\lambda}\right)^2 + \cdots + \bar{k}_{n-1}\left(\frac{\Lambda}{\lambda}\right)^{n-1}$$
$$= \omega = k_0 + k_1\lambda + k_2\lambda^2 + \cdots + k_{n-1}\lambda^{n-1}. \qquad (16.45)$$

因为域 E_{m-1} 是复共轭封闭的,所以 k_i,$\bar{k}_i \in E'_m$,且 $\Lambda = \lambda\bar{\lambda} \in E'_m$,因此这一式中的所有数除 λ 外都是 E'_m 中的元素. 不过,由于在(16.45)中有一部分 λ 出现在分母中,所以它还不是 λ 的多项式. 当然,细心的读者还会注意到 $\Lambda = \lambda\bar{\lambda}$,其中有 λ,还有 $\bar{\lambda}$,那么(16.45)除了明显地与 λ 有关,是否还会通过 $\lambda\bar{\lambda}$ 与 $\bar{\lambda}$ 相关呢?

对于后面这个问题,注意到 $\lambda_0 = \lambda$,而 $\lambda_u = \lambda\zeta_n^u$,因此 $\lambda_u\bar{\lambda}_u = \lambda\zeta_n^u\bar{\lambda}\overline{\zeta_n^u} = \lambda\bar{\lambda}$,因此有 $\Lambda = \lambda_u\bar{\lambda}_u$,$u = 0, 1, 2, \cdots, n-1$. 即对 $x^n - c = 0$ 的根 λ,$\lambda\zeta_n$,$\lambda\zeta_n^2$,$\cdots$,$\lambda\zeta_n^{n-1}$ 而言,Λ 就是一个固定值. 再者,我们知道因为不会添加 0,所以 $c \neq 0$,而 $\lambda \neq 0$,所以只要考虑 $\lambda^{n-1}\bar{\omega}$ 就能把(16.45)从 λ 的"分式"化为"整

式”,即有

$$\lambda^{n-1}\bar{\omega} = \bar{k}_0\lambda^{n-1} + \bar{k}_1\Lambda\lambda^{n-2} + \cdots + \bar{k}_{n-1}\Lambda^{n-1} = k_0\lambda^{n-1} + k_1\lambda^n + \cdots + k_{n-1}\lambda^{2(n-1)}.$$

(16.46)

这是一个关于 λ 的 $2(n-1)$ 次的多项式. 这就有应用阿贝尔不可约性定理的推论 13.4.1 的部分条件了. 更详细地说,为了应用推论 13.4.1,我们还应对应于(16.46)先构造多项式

$$\bar{k}_0 x^{n-1} + \bar{k}_1\Lambda x^{n-2} + \cdots + \bar{k}_{n-1}\Lambda^{n-1} - (k_0 x^{n-1} + k_1 x^n + \cdots + k_{n-1} x^{2(n-1)}).$$

(16.47)

据上述,这是 E'_m 上 x 的一个多项式,而且由(16.46)可知 $x^n - c$ 的一个根 λ 也是它的一个根,而我们已经证得 $x^n - c$ 在 E'_m 上是不可约的. 于是由推论 13.4.1 可知 $\lambda_u = \lambda\zeta_n^u$ 也是它的根, $u = 0, 1, 2, \cdots, n-1$,即有

$$\bar{k}_0\lambda_u^{n-1} + \bar{k}_1\Lambda\lambda_u^{n-2} + \cdots + \bar{k}_{n-1}\Lambda^{n-1} = k_0\lambda_u^{n-1} + k_1\lambda_u^n + \cdots + k_{n-1}\lambda_u^{2(n-1)}.$$

(16.48)

再把此式由“整式”变为“分式”,就有

$$\bar{k}_0 + \bar{k}_1\left(\frac{\Lambda}{\lambda_u}\right) + \cdots + \bar{k}_{n-1}\left(\frac{\Lambda}{\lambda_u}\right)^{n-1} = k_0 + k_1\lambda_u + \cdots + k_{n-1}\lambda_u^{n-1},$$
$$u = 1, 2, \cdots, n-1. \qquad (16.49)$$

从(16.45)到(16.49)可以“简单地”说成“以 $x^n - c = 0$ 的任意一个根 λ_u 代替(16.45)中的 λ. 但是,如果要“严格地”论证这一点,那就必须引出这几段文字来. 这就得“细说”了.

下面我们要从(16.49)得出我们所求的结果. 注意到 $\Lambda = \lambda_u\bar{\lambda}_u$,则有 $\frac{\Lambda}{\lambda_u} = \bar{\lambda}_u$,于是(16.49)给出

$$\bar{k}_0 + \bar{k}_1\bar{\lambda}_u + \cdots + \bar{k}_{n-1}\bar{\lambda}_u^{n-1} = k_0 + k_1\lambda_u + \cdots + k_{n-1}\lambda_u^{n-1}, \quad u = 1, 2, \cdots, n-1.$$

(16.50)

由(16.41)可知,此式的右边即是 ω_u,因此(16.50)即给出 $\bar{\omega}_u = \omega_u$. 换言之, $\omega_1, \omega_2, \cdots, \omega_{n-1}$ 都是实根,这就有:在 $\mathbf{Q}$ 上不可约的,次数为奇素数的多项式 $f(x)$,如果能根式可解,那么在情况 B 之下,它的根都是实根.

§16.12　克罗内克定理和鲁菲尼-阿贝尔定理

综合§16.10对情况A的讨论和§16.11对情况B的讨论,我们有:

定理 16.12.1(克罗内克定理)　在 $\mathbf{Q}$ 上不可约的奇素数次多项式 $f(x)$,如果是根式可解的,那么它或者仅有一个实数根,或者所有的根都是实数.

克罗内克定理已经证明了.这里我们想要指出的是定理所给出的条件是必要条件.它的必要条件是说 $f(x)$ 或者仅有一个实根,或者它的全部根都是实数.所以如果我们把 $f(x) \in \mathbf{Q}[x]$ 的实数根数记为 r 的话,那么我们就可以把上述的克罗内克定理表示为:

定理 16.12.2(克罗内克定理)　在 $\mathbf{Q}$ 上不可约的奇素数 p 次多项式 $f(x)$(在 $\mathbf{Q}$ 上)是根式可解的必要条件是它的实数根数 $r = 1$,或 $r = p$.

于是由例11.1.1可知,如果我们能找到一个在 $\mathbf{Q}$ 上不可约的五次方程,而它有 3 个实根,那么它就一定是不能根式求解的.这样阿贝尔不可能性定理就得到了证明了.

例 16.12.1　考虑 $f(x) = x^5 - p^2 x + p$,其中 p 是任意素数.由例7.5.3可知 $f(x) \in \mathbf{Q}[x]$,在 $\mathbf{Q}$ 上是不可约的,而由例11.4.3可知 $f(x)$ 有 3 个实根.因此 $f(x) = x^5 - p^2 x + p$ 是不可根式求解的.对于 $p=2$,则有 $f(x) = x^5 - 4x + 2$ 不可根式求解;$p=3$,则有 $x^5 - 9x + 3$ 不可根式求解.

例 16.12.2　研究 $f(x) = 2x^5 - 10x + 5$.首先取 $p=5$,应用定理7.5.1——艾森斯坦不可约判据可知 $f(x)$ 在 $\mathbf{Q}$ 上是不可约的(参见例7.5.2).其次求 $f(x)$ 与 $f'(x) = 10x^4 - 10$ 的最大公因式,有下列辗转相除:$2x^5 - 10x + 5 = \frac{1}{10}(10x^4 - 10)(2x) + (-8x + 5)$,但 $(-8x+5) \nmid (x^4 - 1)$,这说明 $x^4 - 1 = (-8x+5)g(x) + r$, $r \neq 0$,故 $\gcd(f(x), f'(x)) = 1$,即 $f(x)$、$f'(x)$ 互素,于是 $f(x)$ 无重根.再由 $x^4 - 1 = (8x - 5)h(x) + r'$,令 $x = \frac{5}{8}$,可得 $r' = \left(\frac{5}{8}\right)^4 - 1 < 0$,因此斯图姆组(11.7)中的 $c > 0$,这样就有 $f(x)$ 的斯图姆组:$2x^5 - 10x + 5$, $10x^4 - 10$, $8x - 5$, 1.对于很小和很大的 x 值,这就分别给出了符号组$-$、$+$、$-$、$+$以及$+$、$+$、$+$、$+$.于是有 $V(-\infty) = 3$,$V(\infty) = 0$,以及 $V(-\infty) - V(\infty) = 3$,即 $f(x) = 2x^5 - 10x + 5$ 有 3 个实根,因此 $f(x)$ 不可根式求解.

于是根据§16.5所述,就有:

定理16.12.3(鲁菲尼-阿贝尔定理)　高于四次方的多项式方程一般没有根式解.

不过我们还得强调一下,这里没有根式"解"指的是不存在一个"通常意义上的",一般的求根公式. 因为由代数基本定理可知系数是数的任何 $n(n>0)$ 次多项式在复数域中有 n 个根. 我们可以譬如用近似方法来求根,或用椭圆模函数(elliptic modular function)来求根(参见附录3).

§16.13　尾　　声

1824年,阿贝尔首次发表了关于"一般五次方程不可根式求解"的证明. 尽管从近代的观点来看,他的证明还需加以完善,不过已为人们所广泛认可. 这样,这个近三个世纪的难题就尘埃落定了:不必再去寻找一般五次方程的求根公式,因为它是不可根式求解的."阿贝尔不可能性定理"确立了代数史上的一个里程碑.

不过还是有许多高次方程是可根式求解的,例如我们在例16.1.1中试解过的方程 $x^5-2=0$ 就是根式可解的. 于是就需要去研究解决"多项式方程可根式求解的充分和必要条件是什么?"这一问题.

法国数学家伽罗瓦(Évariste Galois, 1811—1832)在他短短的21年生命中对此作出了完美的回答,这就是后来所称的伽罗瓦理论. 由此引进的许多新概念和新思想开创了近世代数的新纪元,这是后话了.

不过这里想提一下的是:虽然阿贝尔对方程何时是根式可解的一般判据从未发表过什么,但是他在1828年10月18日致友人的一封信中这样写道([21]p502):

"对于一个素数次的不可约方程而言,如果它的任意3个根是彼此这样联系着的,以至于其中的一个可以用另2个通过有理式(参见§14.1的注)表达出来的话,那么该方程一定是根式可解的."

阿贝尔在信中没有提及他是如何得到这一结果的,而值得注意的是它竟然与伽罗瓦在1830年给出的一个重要结论几乎完全一致. 用近代的术语来表述,伽罗瓦的这个在1846年才公布于世的定理是这样说的([21]p504;[19]p197):

设 F 是域, $f(x)$ 是 F 上的一个素数 p 次的不可约多项式, θ_1 , θ_2 , $\cdots$, θ_p

是它的根,那么 $f(x)$ 是根式可解的当且仅当对于其中的任意 3 个根 θ_i、θ_j、θ_m,存在 $\mathbf{Q}$ 上的有理函数(参见 §14.1 的注) $g(x_1,x_2)$,使得 $\theta_m = g(\theta_i,\theta_j)$.

　　这个定理相当简洁且优美,但却不为人们所熟知,这确实有点令人感到诧异,其中可能的原因是这一定理所提供的判据很难在实际中予以应用. 不过,我们现在倒是可以用它来从另一角度看看克罗内克定理.(参见 §16.12)

　　克罗内克定理说:$\mathbf{Q}$ 域上奇素数次不可约多项式 $f(x)$,如果它是根式可解的,那么它必须(1)恰好有一个实根,或(2)全部都是实根.

　　首先,我们知道 $\mathbf{Q}$ 上素数次多项式是必定有一个实根的,即 $r \geqslant 1$. 因此接下来可能的情况就是:(1)没有其他实根,即它恰好有一个实根. 这就是克罗内克定理中的必要判据一;或(2)它还有一个实根,即先有 $\theta_1,\theta_2 \in \mathbf{R}$. 于是由上述伽罗瓦定理可知 $\theta_3 = g(\theta_1,\theta_2) \in \mathbf{R}$. 同理,$\theta_4,\cdots,\theta_p$ 都属于 $\mathbf{R}$ 了,这就是克罗内克定理中的必要判据二. 这样,我们由伽罗瓦定理自然地得出了克罗内克定理. 当然,这就先得通晓伽罗瓦理论了.

　　对于伽罗瓦理论有兴趣的读者,可以进一步研读本书以及[4]中的参考文献中所列出的一些专著,我们就在此收尾了.

附　录

在这一附录中，我们定性地说明了"代数基本定理"，系统地阐明了"复数的表示和运算"，简明地叙述了"韦达用三角函数解简化的三次方程的方法"，还详细地证明了关于实系数多项式实根个数的"斯图姆定理".

附录 1

关于代数基本定理的定性说明

代数基本定理说的是任意复系数多项式方程

$$p(z) = z^n + c_{n-1}z^{n-1} + \cdots + c_1z + c_0 = 0, \; c_0, c_1, \cdots, c_{n-1} \in \mathbf{C}, \; c_0 \neq 0$$

在复数域中至少有一个根.

根据这一定理, 设 $\alpha_1 \in \mathbf{C}$ 是 $p(z)$ 的一个根, 那么 $p(z) = (z - \alpha_1)g(z)$, 且 $\deg g(z) = n - 1$. 于是 $g(z)$ 有一个根 $\alpha_2 \in \mathbf{C}$, 且 $g(z) = (z - \alpha_2)h(z)$. 以此类推, 可以得出: $p(z)$ 在 $\mathbf{C}$ 中有 n 个根 $\alpha_1, \alpha_2, \cdots, \alpha_n$, 且

$$p(z) = (z - \alpha_1)(z - \alpha_2)\cdots(z - \alpha_n). \tag{1}$$

这也是说任意 n 次复系数多项式在复数域中都可以分解为 n 个线性因式的乘积. 一般而言, 这一定理的证明要用到拓扑学、复变函数等理论, 这已超出代数领域了. 下面我们给出此定理的一个定性说明. 对较严格的证明有兴趣的读者, 可参阅本书后参考文献中的[2]和[13]中译本中的第 23 题.

下列说明用到了反证法. 我们假定 $p(z)$ 在复平面上没有根, 即不存在复数 z, 使得 $p(z) = 0$, 或对任意复数 z 都使得 $p(z)$ 不过原点. 对 $p(z)$ 的复变量 $z = r(\cos\theta + \mathrm{i}\sin\theta) = z(r, \theta)$, 固定 r, $r \neq 0$, 令 $0 \leqslant \theta \leqslant 2\pi$, 显然 $z = z(r, \theta)$, $0 \leqslant \theta \leqslant 2\pi$ 的所有点构成了环绕原点的一个圆周 (参见图 1.1 左图). 然而 $p(z(r, \theta))$ 则随着 θ 从 0 增至 2π, 在复平面上画出一条闭曲线 (图 1.1 右图). 因为按假定不存在使 $p(z) = 0$ 的 z, 所以该闭曲线不经过原点, 而是绕原点 m 圈. 考虑到由 $p(z(r, \theta))$, $0 \leqslant \theta \leqslant 2\pi$ 构成的这一闭曲线, 在 $p(z)$ 给定时, 是由 r 确定的, 故 m 应是 r 的函数, 即 $m = m(r)$. $m(r)$ 是指上述闭曲线环绕原点的圈数, 因此是一个正整数, 即 $m(r) \in \mathbf{N}^*$, 这一点很重要. 现使 r 有一个微小的改变, 即 r 变为 $r + \Delta r$, 其中 Δr 是一个微小量. 根据 $z = r(\cos\theta + \mathrm{i}\sin\theta)$, 所以 $p(z)$ 是 r 的连续函数, 因此 r 的微小改变, 只能引起上述闭曲线的微小变化, 而取正整数的 $m(r)$ 如果会变化的话, 只能作出整数值

的改变,而不能作出微小变化,因此它只能保持不改变. 由于 r 的大改变可以通过不断地微小改变而实现,因此,对于给定的 $p(z)$,对任意 $r \in \mathbf{R}$,$m(r)$ 都应是一个常数.

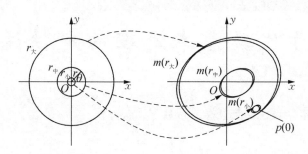

图 1.1　左图 $z = r(\cos\theta + \mathrm{i}\sin\theta)$,$0 \leqslant \theta \leqslant 2\pi$,在 $r_{大}$、$r_{中}$、$r_{小}$ 的三种情况下给出的三个圆
　　　　右图 $p(z) = z^n + c_{n-1}z^{n-1} + \cdots + c_1 z + c_0 \in \mathbf{C}[z]$,$c_0 \neq 0$ 给出的相应的三根闭曲线,如果它们都不经过原点,那么就应有 $m(r_{大}) = m(r_{中}) = m(r_{小}) \neq 0$,但 $m(r_{小}) = 0$. 这一矛盾说明,其中至少总有一根闭曲线必定会经过原点

接下来,我们考虑两个极端情况:如果 r 很大,此时 $p(z)$ 中项 z^n 占主导地位,因为复数是没有大小的,所以 r 很大,则意味着 z^n 的"模"越大,或 z^n 越远离原点. 从而有 $|p(z)| \approx |z^n|$. 因此从棣莫弗公式可知此时 $p(z)$ 应是一根远离原点,而绕原点 n 次,每一周近似为圆周的闭曲线;如果 r 很小,同样地,此时由 $|p(z)| \approx |p(0)| = |c_0|$,可知这时我们有一根非常小的闭曲线,又因为 $c_0 \neq 0$,即 c_0 偏离原点,故该闭曲线上的变化点也偏离原点,由此可知这根闭曲线根本就不会是环绕原点的曲线. 这就与 $m(r)$ 是一个常数矛盾了.

产生这一矛盾的原因显然是因为我们假定了 $p(z)$ 在复平面上没有根. 由此,我们得出存在复数 $z_1 \in \mathbf{C}$,使得 $p(z_1) = 0$. 形象地说,当 r 从大变小时,表示 $z = r(\cos\theta + \mathrm{i}\sin\theta)$ 的大圆周逐渐变为小圆周,而此时与之相应的 $p(z)$ 各根闭曲线中总有一根会经过原点,这样我们就得到了复数 z_1,使 $p(z_1) = 0$,即 z_1 是 $p(z)$ 的根.

附录 2

复数的表示及运算

复数 $z = a + bi (a, b \in \mathbf{R})$ 称为复数的代数表示，它对应于复平面上的点 $Z(a, b)$，或向量 $\overrightarrow{OZ}$. $z = r(\cos\theta + i\sin\theta)$ 为复数 z 的三角表示(图 2.1)，其中复数 z 的模 $|z| = r = \sqrt{a^2 + b^2}$，$\cos\theta = \dfrac{a}{r}$，$\sin\theta = \dfrac{b}{r}$，$\theta$ 为 z 的辐角主值，即 $\theta = \arg z \in [0, 2\pi]$.

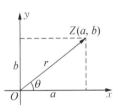

图 2.1 复平面和复数的代数表示及三角表示

利用函数的幂级数展开，有

$$\cos\theta = 1 - \frac{1}{2!}\theta^2 + \frac{1}{4!}\theta^4 + \cdots, \tag{1}$$

$$\sin\theta = \theta - \frac{1}{3!}\theta^3 + \frac{1}{5!}\theta^5 + \cdots, \tag{2}$$

$$e^y = 1 + y + \frac{1}{2!}y^2 + \frac{1}{3!}y^3 + \frac{1}{4!}y^4 + \cdots. \tag{3}$$

令 $y = i\theta$，即有

$$\begin{aligned}
e^{i\theta} &= 1 + i\theta + \frac{1}{2!}(i\theta)^2 + \frac{1}{3!}(i\theta)^3 + \frac{1}{4!}(i\theta)^4 + \cdots \\
&= \left(1 - \frac{1}{2!}\theta^2 + \frac{1}{4!}\theta^4 - \cdots\right) + i\left(\theta - \frac{1}{3!}\theta^3 + \frac{1}{5!}\theta^5 - \cdots\right) \\
&= \cos\theta + i\sin\theta.
\end{aligned} \tag{4}$$

此公式为欧拉在 1749 年给出的恒等式. 于是有 $z = r(\cos\theta + i\sin\theta) = re^{i\theta}$，它为复数的指数表示.

对于 $z_1 = a + bi = r_1 e^{i\theta_1}$，$z_2 = c + di = r_2 e^{i\theta_2}$，可得 $z_1 + z_2 = (a+c) + (b+d)i$，即与 $z_1 + z_2$ 相对应的向量正是 $\overrightarrow{OZ_1} + \overrightarrow{OZ_2}$ (图 2.2)，而 $z_1 \cdot z_2 = r_1 e^{i\theta_1} \cdot r_2 e^{i\theta_2} = r_1 \cdot r_2 e^{i(\theta_1+\theta_2)}$，所以 $z_1 \cdot z_2$ 的模 $r_1 r_2$ 正是 z_1 的模 r_1 与 z_2 的模 r_2

的乘积，$z_1 \cdot z_2$ 的辐角 $\theta_1 + \theta_2$ 正是 z_1 的辐角 θ_1 与 z_2 的辐角 θ_2 之和(图 2.3).

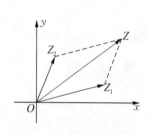

图 2.2　复数的相加

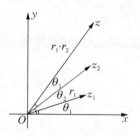

图 2.3　复数的相乘

作为一个特殊情况：$z^n = (r e^{i\theta})^n = r^n(\cos n\theta + i\sin n\theta)$，$n \in \mathbf{N}^*$. 当 $r = 1$ 时有 $(\cos\theta + i\sin\theta)^n = \cos n\theta + i\sin n\theta$，此公式为法国-英国数学家棣莫弗(Abraham de Moivre，1667—1754)在 1722 年给出的棣莫弗公式.

复数 $z = r(\cos\theta + i\sin\theta)$ 的 n 次方根，即解 $x^n - z = 0$ 的方程，它的 n 个解为 $\sqrt[n]{r}\left[\cos\dfrac{\theta + 2k\pi}{n} + i\sin\dfrac{\theta + 2k\pi}{n}\right] = \sqrt[n]{r}\,e^{i(\frac{\theta + 2k\pi}{n})} = \sqrt[n]{r}\,e^{\frac{\theta}{n}i}e^{\frac{2k\pi}{n}i}$，$k = 0, 1, 2, \cdots, n-1$. 这 n 个根对应于均匀分布在以 O 为圆心，$\sqrt[n]{r}$ 为半径的圆周上的 n 个点 P_1，$\cdots$，P_n (图 2.4).

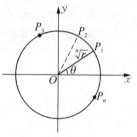

图 2.4　复数 z 的 n 次方根

令 $k = 0$，则得出与 $\overrightarrow{OP_1}$ 对应的复数为

$$\sqrt[n]{r}\left(\cos\frac{\theta}{n} + i\sin\frac{\theta}{n}\right) = \sqrt[n]{r}\,e^{\frac{\theta}{n}i}. \tag{5}$$

再者，在 $r = 1$，$\theta = 0$，$k = 1$ 时给出 $x^n - 1 = 0$ 的一个解为

$$\cos\frac{2\pi}{n} + i\sin\frac{2\pi}{n} = e^{\frac{2\pi}{n}i}. \tag{6}$$

引入符号 $\zeta = e^{\frac{2\pi}{n}i}$，就可以将 $x^n - 1 = 0$ 的 n 个根表为

$$1, \zeta, \zeta^2, \cdots, \zeta^{n-1}. \tag{7}$$

引入符号 $d = \sqrt[n]{r}\,e^{\frac{\theta}{n}i}$，则可将 $x^n - z = 0$ 的 n 个根表为

$$d, d\zeta, d\zeta^2, \cdots, d\zeta^{n-1}. \tag{8}$$

由于 ζ 是 $x^n - 1 = 0$ 的根,因此有

$$\zeta^n = 1. \tag{9}$$

由 $x^n - 1 = (x-1)(x^{n-1} + x^{n-2} + \cdots + x + 1)$ 可知,ζ 也是 $x^{n-1} + x^{n-2} + \cdots + x + 1$ 的根,因此有

$$\zeta^{n-1} + \zeta^{n-2} + \cdots + \zeta + 1 = 0. \tag{10}$$

关于由 $z = a + bi$ 得出其共轭复数 $\bar{z} = a - bi$ 的复共轭运算"一",可得出当 $z = re^{i\theta}$ 时,$\bar{z} = re^{-i\theta}$,因此 $z\bar{z} = r^2 = a^2 + b^2 \in \mathbf{R}$. 特别地 $\zeta\bar{\zeta} = 1$,因此 $\bar{\zeta} = \zeta^{-1}$. 再从 $\zeta^n = \zeta^m \zeta^{n-m} = 1(m = 1, 2, \cdots, n)$ 可得 $\bar{\zeta}^m = \zeta^{n-m}$.

附录 3

韦达用三角函数解简化的三次方程的方法

韦达利用三角恒等式

$$\cos^3 \theta = \frac{3}{4} \cos \theta + \frac{1}{4} \cos 3\theta \tag{1}$$

解简化的三次方程

$$x^3 + px + q = 0 \tag{2}$$

的方法如下：令

$$p = -3a^2, \; q = -a^2 b, \tag{3}$$

并引入新变量 θ，而使得

$$x = 2a\cos \theta. \tag{4}$$

于是(2)给出

$$8a^3 \cos^3 \theta - 6a^3 \cos \theta - a^2 b = 0, \tag{5}$$

即

$$\cos^3 \theta = \frac{3}{4} \cos \theta + \frac{b}{8a}. \tag{6}$$

将(1)与(6)对比，可得出

$$\cos 3\theta = \frac{b}{2a}. \tag{7}$$

因此

$$\theta = \frac{1}{3}\arccos\frac{b}{2a} = \frac{1}{3}\arccos\frac{3\sqrt{3}\,q}{2p\sqrt{-p}}. \tag{8}$$

于是最后有

$$x = 2a\cos\theta = 2\sqrt{\frac{-p}{3}}\cos\left(\frac{1}{3}\arccos\frac{3\sqrt{3}\,q}{2p\sqrt{-p}}\right). \tag{9}$$

要使 $x \in \mathbf{R}$，则由

$$\frac{3\sqrt{3}\,q}{2p\sqrt{-p}} \leqslant 1, \tag{10}$$

可得

$$\frac{q^2}{4} + \frac{p^3}{27} \leqslant 0. \tag{11}$$

这一不等式的左边,我们是熟知的.(参见(2.18),[4]p120)

例 1　解方程 $x^3 - 15x - 4 = 0$.(参见例 2.3.2)

此时 $p = -15$，$q = -4$，于是根据(9)有

$$x_{1,2,3} = 2\sqrt{5}\cos\left(\frac{1}{3}\arccos\frac{2\sqrt{5}}{25}\right).$$

由于 $\arccos\dfrac{2\sqrt{5}}{25} = 79.695°$、$280.305°$、$439.695°$，则有 $x_1 = 4$，$x_2 = 0.268$，$x_3 = -3.732$，其中 x_2、x_3 若用根式求解则分别为 $x_2 = -2 + \sqrt{3}$，$x_3 = -2 - \sqrt{3}$.

这样,韦达仅用了余弦函数、反余弦函数就得出了简化的三次方程的求根公式(9).

对于一般的五次多项式方程,鲁菲尼-阿贝尔定理断言,它们是不能根式求解的,那么是否能用其他方式求解呢? 1858 年法国数学家埃尔米特(Charles Hermite, 1822—1901)和德国数学家克罗内克等分别独立地证明了:一般五次方程可以用一类称为椭圆模函数解出. 1870 年,法国数学家约当(Marie Ennemond Camille Jordan, 1838—1922)证明了:利用这类函数可以解出任意次数的多项式方程(参见[20]p198).

附录 4

斯图姆定理的证明

首先我们回顾一下无重根的 $f(x) \in \mathbf{R}[x]$ 的斯图姆组: 令 $f_0(x) = f(x)$, $f_1(x) = f'(x)$, 而

$$f_0(x) = f_1(x)q_1(x) - f_2(x),$$
$$f_1(x) = f_2(x)q_2(x) - f_3(x),$$
$$\vdots$$
$$f_{k-1}(x) = f_k(x)q_k(x) - f_{k+1}(x),$$
$$\vdots$$
$$f_{s-2}(x) = f_{s-1}(x)q_{s-1}(x) - f_s(x),$$
$$f_s(x) \mid f_{s-1}(x),$$
$$f_s(x) = c,$$

那么 $f(x) \in \mathbf{R}[x]$ 的斯图姆组便为

$$f_0(x), f_1(x), f_2(x), \cdots, f_{s-1}(x), c,$$

其中如果 $c > 0$, 可取 $c = 1$; 如果 $c < 0$, 可取 $c = -1$.

其次, 我们叙述并证明上述斯图姆组的性质:

(1) 斯图姆组中任意两个相邻的多项式没有公共根, 也即在实轴的任意点上两个相邻的多项式不同时为零.

我们用反证法来证明: 设 α 是 $f_k(x)$ 和 $f_{k+1}(x)(k = 0, 1, \cdots, s-1)$ 的公共根, 那么由 $(x-\alpha) \mid f_k(x)$, $(x-\alpha) \mid f_{k+1}(x)$, 以及 $f_{k-1}(x) = f_k(x)q_k(x) - f_{k+1}(x)$ 可知 $(x-\alpha) \mid f_{k-1}(x)$, 也即 $f_k(x)$ 和 $f_{k+1}(x)$ 的公共根 α 也是 $f_{k-1}(x)$ 的根. 继续这一推理过程, 最后必能得出 α 也是 $f(x)$ 与 $f'(x)$ 的公共根, 而这与 $f(x)$、$f'(x)$ 互素, 或 $f(x)$ 无重根的假设矛盾了.

(2) 如果 $\alpha \in \mathbf{R}$ 是斯图姆组中某一个多项式 $f_k(x)(k = 1, \cdots, s-1)$ 的根, 那么 $f_{k-1}(\alpha)$ 与 $f_{k+1}(\alpha)$ (即与 $f_k(x)$ 相邻的两个多项式取 $x = \alpha$ 时的值)

异号.

事实上,譬如说 $f_3(\alpha)=0$,则由

$$f_2(x)=f_3(x)q_3(x)-f_4(x)$$

得

$$f_2(\alpha)=f_3(\alpha)q_3(\alpha)-f_4(\alpha).$$

由此从 $f_3(\alpha)=0$ 可得

$$f_2(\alpha)=-f_4(\alpha).$$

(3) 如果 α 是 $f(x)=f_0(x)$ 的一个实根,那么在 α 的充分小的一个邻域内,当 x 经过 α 增加时,乘积 $f_0(x)f_1(x)$ 的值由负值变为正值.

事实上,由上述性质(1)可知此时 $f'(\alpha)=f_1(\alpha)\neq0$,由于 $f'(x)$ 表示函数 $f(x)$ 的变化率(参见§10.1),所以,$f'(\alpha)>0$ 就表示 $f(x)=f_0(x)$ 在 α 的一个充分小的邻域中 $[\alpha-\varepsilon,\alpha+\varepsilon]$ 是递增的;而 $f'(\alpha)<0$ 就表示 $f(x)$ 在 $[\alpha-\varepsilon,\alpha+\varepsilon]$ 中是递减的(参见例10.1.6).

针对 $f_1(x)=f'(x)$,由于 $f'(\alpha)\neq0$,所以由多项式的连续性可知,对充分小的 δ,在 $[\alpha-\delta,\alpha+\delta]$ 中,$f'(x)$ 与 $f'(\alpha)$ 同号.

于是,若 $f'(\alpha)>0$,而 $f(\alpha)=0$,由于 $f(x)$ 在 α 的上述邻域中是递增的,则 $f(x)$ 在 $[\alpha-\varepsilon,\alpha+\varepsilon]$ 中由负变到正.而 $f'(x)$ 与 $f'(\alpha)$ 在 $[\alpha-\delta,\alpha+\delta]$ 中同号(此时为正号),所以当 x 由小于 α,经过 α,上增到大于 α 时,就存在 α 的一个充分小的邻域 $[\alpha-\omega,\alpha+\omega]$,其中 ω 为 ε 与 δ 中较小的一个数,使得在其中 $f(x)$ 由负变到正.由于 $f'(x)$ 保持正号,乘积 $f_0(x)f_1(x)=f(x)f'(x)$ 由负变到正;同样可以讨论 $f'(\alpha)<0$ 这一情况,也有同样的结论.

最后我们来证斯图姆定理:

一个实系数多项式 $f(x)$ 如果没有重根,且 $a,b(a,b\in\mathbf{R},a<b)$ 都不是 $f(x)$ 的根,那么 $f(x)$ 在区间 $[a,b]$ 之间的实根个数等于 $V(a)-V(b)$,即 $f(x)$ 的斯图姆组在 $x=a$ 与 $x=b$ 时变号数之差.

为此我们考虑随 $x\in[a,b]$ 自 a 增大到 b 的过程中,斯图姆组的变号数 $V(x)$ 是如何变化的.由于 $f_s(x)=c$ 是常数,因此 $f_s(x)$ 是没有根的(参见例10.3.1),所以此时有两种情况:

1. x 增加时,经过多项式 $f_0(x),f_1(x),\cdots,f_{s-1}(x)$ 的根;

2. x 增加时, 不经过多项式 $f_0(x)$, $f_1(x)$, $\cdots$, $f_{s-1}(x)$ 的根.

对于情况 2, 此时组中每一多项式都不改变符号, 因而在 x 自 a 增大到 b 的过程中 $V(x)$ 不改变, 所以要考虑 $V(x)$ 的改变, 仅需要对情况 1 进行讨论, 此时又分成下列两种情况:

Ⅰ. 设 $\alpha \in [a, b]$ 是某一中间多项式 $f_k(x)(k=1, 2, \cdots, s-1)$ 的一个实根, 但不是 $f(x)$ 的根;

Ⅱ. 设 $\alpha \in [a, b]$ 是 $f(x)$ 的一个实根.

对于情况 Ⅰ 中的 α 而言, 由上述性质 (1)、(2) 可知, 此时 $f_{k-1}(\alpha)$ 与 $f_{k+1}(\alpha)$ 都不为 0, 且有相反的符号. 于是对于 $\alpha \in [a, b]$ 的 3 种情况, 我们可以选取充分小的 $\varepsilon > 0$, 而得到相应的 3 种不同闭区间:

当 $\alpha = a$ 时, 有闭区间 $[\alpha, \alpha+\varepsilon]$;

当 $\alpha \neq a, b$ 时, 有闭区间 $[\alpha-\varepsilon, \alpha+\varepsilon]$;

当 $\alpha = b$ 时, 有闭区间 $[\alpha-\varepsilon, \alpha]$.

而在其上, 使得 $f_{k-1}(x)$ 与 $f_{k+1}(x)$ 的符号不变, 因而在这一闭区间上 $f_{k-1}(x)$ 与 $f_{k+1}(x)$ 的符号恒相反. 于是关于这个闭区间上的 α 来说, 不论 $f_k(x)$ 取正值、零、还是负值, 数组

$$f_{k-1}(x)、f_k(x)、f_{k+1}(x)$$

的变号数为 1, 即此时变号数不随这一闭区间中的 x 而变化. 这是因为如果 $f_k(x) \neq 0$, 它必与 $f_{k-1}(x)$ 和 $f_{k+1}(x)$ 中的一个同号, 而与另一个异号, 由这就得出它们的变号数为 1; 如果 $f_k(x) = 0$, 则我们早已有规定, 去掉这个 0, 于是该数组的变号数, 就是 $f_{k-1}(x)$、$f_{k+1}(x)$ 的变号数, 即为 1.

这样我们就证得了: 当 x 经过中间多项式 $f_k(x)$ 的根 α 而增大时, 虽然因为 α 是 $f_k(x)$ 的根, 而使得 $f_k(x)$ 本身的正负性有所改变, 但是上述数组的变号数却并不会改变. 于是若 α 是 $f_k(x)$ 的一个根, 且 α 不是任何其他中间多项式的根时, 那么当 x 经过 α 而增大时, $V(x)$ 就显然不变了.

如果 α 除了是 $f_k(x)$ 的根以外, 同时还是其他的一些中间多项式的根, 那么此时利用性质 (1), 以及上面刚刚说明的结果, 同样能得出 $V(x)$ 也不变的这一结论.

于是对于情况 Ⅰ, 即设 α 是某一中间多项式 $f_k(x)(k=1, 2, \cdots, s-1)$ 的一个实根, 但不是 $f(x)$ 的根的这一情况, 我们有结论: 当 x 经过这样的一个 α 而增大时, $V(x)$ 并不改变.

下面我们讨论情况 Ⅱ，设 $\alpha \in [a, b]$ 是 $f(x)$ 的一个实根时的情况. 此时当 x 经过 α 增大时，由性质(3)可知数组 $f(x)$、$f'(x)$ 由异号变为同号，也即数组 $f(x)$、$f'(x)$ 的变号数由最初的 1，而变为 0，即此时变号数减少 1. 我们再来考察数组 $f_1(x)$，$f_2(x)$，$\cdots$，$f_{s-1}(x)$，c. 先由性质(1)可知 $f_1(\alpha) \neq 0$，于是对 $f_1(x)$，$f_2(x)$，$\cdots$，$f_{s-1}(x)$，c 可以应用前面讨论过的情况 Ⅰ 的结论，就可知不管 α 是否是 $f_2(x)$，$\cdots$，$f_{s-1}(x)$ 的根，数组 $f_1(x)$，$f_2(x)$，$\cdots$，$f_{s-1}(x)$，c 变号数都不会改变. 于是 $f(x)$ 的整个斯图姆组的变号数就减少 1.

综上所述，如果 x 经 a 变为 b，那么当且仅当 x 经过 $f(x)$ 的一个实根时，$f(x)$ 的斯图姆组的变号数 $V(x)$ 才减少 1. 因此从 a 到 b，引起的变号数的总改变量 $V(a) - V(b)$ 就给出了 $f(x)$ 在 $[a, b]$ 间的实根个数.

参 考 文 献

[1] 冯承天,余扬政. 物理学中的几何方法[M]. 哈尔滨:哈尔滨工业大学出版社,2018.

[2] 张禾瑞,郝鈵新. 高等代数:下册[M]. 北京:高等教育出版社,1959.

[3] 冯克勤,余红兵. 整数与多项式[M]. 北京:高等教育出版社,海德堡:施普林格出版社,1999.

[4] 冯承天. 从一元一次方程到伽罗瓦理论[M]. 上海:华东师范大学出版社,2012.

[5] 刘长安,王春森. 伽罗华理论基础[M]. 北京:电子工业出版社,1989.

[6] 阿廷 E. Galois 理论[M]. 李同孚,译. 哈尔滨:哈尔滨工业大学出版社,2011.

[7] 伯恩赛德 W S,班登 A W. 方程式论[M]. 幹仙椿,译. 哈尔滨:哈尔滨工业大学出版社,2011.

[8] 贝尔 E. T. 数学大师:从芝诺到庞加莱[M]. 徐源,译. 上海:上海科技教育出版社,2004.

[9] Derbyshire, J. 代数的历史:人类对未知量的不舍追踪[M]. 冯速,译. 北京:人民邮电出版社,2012.

[10] 休森,S. F. 数学桥:对高等数学的一次观赏之旅[M]. 邹建成等,译. 上海:上海科技教育出版社,2010.

[11] Körner, T. W. 计数之乐[M]. 涂泓,译,冯承天,译校. 北京:高等教育出版社,2017.

[12] Dörrie, H. Triumph der Mathematik, hundert berühmte Probleme aus zwei Jahrtausenden mathematischer Kultur [M]. Physica-Verlag, Würzburg, Germany, 1958.
100 Great Problems of Elementary Mathematics, Their History and Solution, translated by David Antin, New York, Dover Publications, Inc, 1965.
德里 H. 100 个著名初等数学问题——历史和解[M]. 罗保华等,译. 上海:上海科学技术出版社,1982.

[13] Andreescu, T. T., Dorin Andrica, D., Zuming Feng（冯祖鸣）. 104 Number Theory Problems, From the Training of the USA IMO Team[M]. Birkhäuser, 2007.

[14] Birkhoff, G., MacLane, S. A Survey of Modern Algebra [M]. The Macmillan Co., 1953.

[15] Durbin, J. R. Modern Algebra, An Introduction [M]. 3rd edition. John Wiley & Sons, 1992.

[16] Edwards, H. M. Galois for 21st-Century Readers [J]. Notices of the AMS Volume 59, Number 7, 2012.

[17] Gårding, L. and Christian Skau C. Niels Henrik Abel and Solvable Equations [J]. Archive for the History of Exact Sciences 48, 81 – 103, 1994.

[18] Kronecker, L. Über die algebraisch auflösbaren Gleichungen [J]. Monatshefte Berl. Akademie, 1856.

[19] Newman, S. C. A Classical Introduction to Galois Theory [M]. John Wiley & Sons, 2012.

[20] Pesic, P. Abel's proof, An Essay on the Sources and Meaning of Mathematical Unsolvability [M]. The MIT Press, 2003.

[21] Rosen, M. I. Niels Hendrik Abel and Equations of the Fifth Degree [J]. American Mathematical Monthly 102, 495 – 505, 1995.

[22] Rotman, J. Galois Theory, 2nd edition [M]. Springer, 2010.

[23] Steward, I. Galois Theory [M]. Chapamen & Hall/CRC, 1998.

[24] Tignol, J – P. Galois' Theory of Algebraic Equations [M]. Word Scientific, Singapore, 2011.

后　记

昨夜江边春水生，艨艟巨舰一毛轻.
向来枉费推移力，此日中流自在行.

——[宋]朱熹《观书有感》

　　终于脱稿了. 多年来想为广大数学爱好者写一本简单论述"阿贝尔不可能性定理"的小书的愿望终于实现了.

　　数年前笔者应邀给上海师范大学数学系的部分研究生讲述"不可能性定理"，当时有 3 位高三的学生也听了这几次讲演，而且反应相当积极，这就使笔者萌发了撰写本书的初衷.

　　书中的一些处理方法，也是与小儿祖炜多次讨论的结果. 他在工作中游刃有余，这与他早期接触高等数学的一些思想、内容和方法不无关系. 笔者相信本书能为进一步普及数学知识出一份力，使喜爱研读数学的读者有更好的发展，这也是笔者动笔的目的之一.

　　齐民友教授说得好："……学数学是要下力气的……"笔者深信，只要"下力气"，热爱研究数学的读者是一定能掌握本书中的内容的，是一定能打好扎实的基础向新的高峰进军的，也是一定能同时欣赏到数学之美的.

冯承天

2014.6.10